宝宝辅食这样吃

不挑食 不过敏 长得壮

〔韩〕金明熙 著 王双双 译

中国水利水电出版社
www.waterpub.com.cn
·北京·

内 容 提 要

本书是韩国备受信任的婴幼儿食品专家兼孕妇料理专家送给新手妈妈的辅食制作指南。作者为妈妈们提供了宝宝在不同月龄、不同身体状况下制作辅食的方法，种类丰富，制作步骤详细具体。既树立了妈妈养育孩子的自信，又让宝宝爱上吃辅食，养成健康的饮食习惯，促进身体更好地发育生长。

图书在版编目（CIP）数据

宝宝辅食这样吃　不挑食、不过敏、长得壮／（韩）
金明熙著；王双双译. -- 北京：中国水利水电出版社，
2021.11
ISBN 978-7-5226-0136-6

Ⅰ. ①宝… Ⅱ. ①金… ②王… Ⅲ. ①婴幼儿—食谱
Ⅳ. ①TS972.162

中国版本图书馆CIP数据核字(2021)第210244号

Original Title : 재료 궁합 딱 맞는 튼튼 이유식
"Healthy Weaning Food with Harmonious Ingredients" by KIM MYUNG HEE
Copyright © 2016 Hanbit Media, Inc.
All rights reserved.
Original Korean edition published by Hanbit Media, Inc.
The Simplified Chinese Language edition © 2021 Beijing Land of Wisdom Books Co., Ltd.
The Simplified Chinese translation rights arranged with Hanbit Media, Inc. through
EntersKorea Co., Ltd., Seoul, Korea. And CA−LINK International LLC

北京市版权局著作权合同登记号：01-2021-5548

书　　　名	**宝宝辅食这样吃　不挑食、不过敏、长得壮** BAOBAO FUSHI ZHEYANG CHI BU TIAOSHI BU GUOMIN ZHAGN DE ZHUANG	
作　　　者	〔韩〕金明熙　著　王双双　译	
出版发行	中国水利水电出版社 （北京市海淀区玉渊潭南路1号D座　100038） 网址：www.waterpub.com.cn E-mail：sales@waterpub.com.cn 电话：（010）68367658（营销中心）	
经　　　售	北京科水图书销售中心（零售） 电话：（010）88383994、63202643、68545874 全国各地新华书店和相关出版物销售网点	
排　　　版	北京水利万物传媒有限公司	
印　　　刷	天津图文方嘉印刷有限公司	
规　　　格	170mm×240mm　16开本　15印张　200千字	
版　　　次	2021年11月第1版　2021年11月第1次印刷	
定　　　价	58.00元	

实实在在的辅食专家
注重食材选择
注重食物营养和美味
注重进食氛围

　　通过不同阶段的辅食变化，即满足宝宝的
营养需求，又锻炼宝宝的咀嚼能力，对牙齿、
下巴、头脑等多种器官的发育起到促进作用。

辅食不仅关乎宝宝的健康，更决定宝宝一生的饮食习惯

转眼间，针对宝宝辅食的研究和讲座已进行了15余载。出版社、杂志社编辑们赋予我的"婴儿辅食专家"名号也在不知不觉间成为我的标签，使得我在这一方面倾注的时间和心血没有白费。这本书也是我在探索"新手妈妈们如何制作出健康的宝宝辅食"的过程中创作出来的。

很多宝妈因为对大米的量没有一个明确的把握，而最终弄得"盆满钵满"。在感到难堪的同时，对于营养成分是否正确、汤料是否合适也是"丈二和尚——摸不着头脑"。随着时间的推移，便自然而然地形成了一种错误的思维方式——"这个那个的放在锅里一煮就好了，倒也不是什么难事"。然而，在给宝宝制作辅食上，不仅需要好的食材和心思，味道和营养也是非常重要的。因为并不是好的食材就必定符合宝宝的口味。汤料与食材的合理搭配才是制作宝宝美味、健康的辅食秘诀之所在。

与其为了让宝宝多吃一点儿而无原则地乱加一通，不如按照宝宝的月龄逐渐增加蔬菜量，这有助于防止宝宝产生拒绝心理。根据婴幼儿消化能力和食物咀嚼能力等的发育情况来决定食材的分量和种类，也有助于提高宝宝对营养的吸收率。

吃辅食是宝宝成长的必经阶段，也是一种训练方式。这一时期，如果没有正确地训练其咀嚼能力，便会对他们的牙齿、颌部、大脑等多种器官的发育造成不良影响。从另一方面来讲，只有尝试过多样化的味道和口感之后才能养成正确的饮食习惯。

　　我在这里过多地强调"不要将宝宝辅食想得太过简单",想必很容易让宝妈们对制作宝宝辅食心生胆怯。我也经常听到有的宝妈因为不知道自己制作的辅食是否适合自家宝宝而担忧。其实,只需花费一点点心思,就可以制作出富含营养且适合自家宝宝的辅食。

　　本书为新手妈妈们提供了不同阶段、不同情况下制作宝宝辅食的方法。同时,宝妈们通过阅读本书,也可以学会如何利用食材的巧妙搭配来制作出美味且富含营养的宝宝辅食,并能够轻松实现辅食食谱的多样化。

　　很多宝妈经常会因"我不会做""我厨艺欠佳""我怕自己做的辅食会影响宝宝的健康"等各种理由而自责不已。相信宝妈们在阅读本书后这些担心都会消失,并且会因为自己能为宝宝做出美味辅食而更加自信。

　　最后,感谢这个世界上我最爱的人——我的女儿敏静!

金明熙

目录

PART 4
多样食物，让宝宝更强壮
——终了期辅食（12~15个月）

PART 5
五彩缤纷的幼儿餐
——幼儿食谱（15个月以上）

PART 6
易过敏的宝宝这样吃

INTRO

做辅食，
你要知道的事

除母乳和婴幼儿奶粉外，宝宝最先接触到的食物便是辅食。它决定了宝宝一生的饮食习惯。辅食中所含食材种类的多少，左右着宝宝对食物味道的认知能力。很多宝妈们虽然知道这一时期的重要性，却往往在如何应对上而束手无策。

本章，我特意准备了有关宝宝辅食的必备知识和多种信息，以供宝妈们参考。同时，我还将介绍食材搭配和食材营养成分等信息，以及新手妈妈可以轻松上手的基础料理方法。

宝宝辅食应该如何吃

辅食的添加必须符合宝宝的成长阶段。否则，不仅容易造成宝宝牙龈的损伤，而且会引起宝宝消化不良，甚至导致营养失衡。我将根据宝宝各个成长时期为大家呈现不同的辅食添加形态和正确的喂食方法。

各阶段辅食的添加形态不同

辅食的添加从宝宝4～6个月开始。先是非常稀薄的米糊，而后逐渐调节食物颗粒的大小，最后方可食用固体米饭。下面让我们来了解一下各个时期所添加辅食的稀稠度吧。

初期：4～6个月
牙齿颗数：0颗。辅食形态：米糊。

将大米完全磨成粉末后熬制。稀稠度近似液体，须确保无结块（也可买成品米粉冲调）。

中期：6～8个月
牙齿颗数：2～4颗。辅食形态：粥。

将大米磨成1/3大小后熬制，用小勺挖起后呈"吧嗒吧嗒"滴落的形状即可。

后期：9～11个月

牙齿颗数：4～8颗。辅食形态：软米饭。

此时的米饭中还含有较多的水分。

终了期：12个月以后

牙齿颗数：8～10颗。辅食形态：米饭。

与软米饭相比，这一时期的米饭中几乎不含有水分，但比成人所吃的普通米饭要软一些。

各阶段的添加量与食材种类数量不同

只有当我们的身体摄入适量的营养成分时才能保证吸收率。辅食添加各阶段的每次建议添加量与恰当的食材种类数量请参见下表。在初次进行辅食添加前，请先对所用小勺的量加以了解，而后从一两勺开始慢慢加量，直至达到建议量。

辅食阶段	初期	中期	后期	终了期
1次建议添加量	30~50g	60~80g	80~110g	110~150g
食材种类数量（大米除外）	1~2种	2~3种	4~5种	5~6种

各阶段的添加次数与添加时间不同

辅食应当每天添加几次？前后添加需间隔多长时间才合适？请参照下表。可以根据每天的晨起时间早晚调整添加时间。

辅食阶段	初期	中期	后期	终了期
每天添加次数	1次	2次，点心2次	3次，点心2次	3次，点心2次
添加时间	上午10点	上午10点，下午2点	上午10点，下午2点、6点	上午10点，下午2点、6点

做辅食的必备工具

合适的烹饪工具会让辅食制作更加得心应手。下面将向您介绍一下辅食制作过程中一些必需的基本工具。

1. **臼（研钵及研杵）**：用来研磨芝麻等食材，或碾碎食物。

2. **榨汁器**：用来榨柠檬、橙子等果汁。

3. **砧板**：砧板很容易滋生细菌，所以最好单独准备宝宝辅食制作专用的砧板。尤其是当宝宝存在食物过敏反应时，建议与日常用的砧板区分开。目前市场上有很多适合用于宝宝辅食制作的无毒砧板、抗菌砧板等。

4. **锅铲**：通常为硅胶材质，用来将锅内的食物毫无遗漏地盛装到碗中。

5. **滤布**：用来过滤汤汁或滤渣时使用，也可以作为笼屉布使用。

6. **量匙**：常用于各种食材，尤其是调料的计量。两端有一大匙和一小匙，使用起来会比较方便。

7. **滤勺（筛子）**：有滤渣、控水、捣碎、化解豆瓣酱等多种用途。

8. **木勺**：加减多种食材或碾碎比较松软的食材时会比较方便。

9. **刀具**：与砧板一样，建议与成人日常烹饪时所用的刀具相区分，做到专物专用。

10. **量杯**：粉末或液体计量时使用。制作宝宝辅食时，对水量的控制是非常重要的。故需要准确计量所用的工具。

11. **搅拌料理机**：研磨大米或用多种食材制作饮料时使用。

12. **打蛋器**：为防止粘锅，在米糊等煮制过程中用于搅拌。还可用来装混合类液体食材或打散蛋液。

13. **炒勺**：炒制或碾碎食材、混合汤汁时使用。木质的比不锈钢材质的好。因为不锈钢材质的炒勺在搅拌宝宝辅食时，容易剥离锅底涂层，从而使辅食中混入杂质。

14. **锅具**：辅食制作过程中经常需要搅拌，故最好选择方便单手固定的单柄锅。建议选用较厚的锅底，以避免煳锅。

1 臼（研钵及研杵）

2 榨汁器

3 砧板

9 刀具

10 量杯

7 滤勺（筛子）

5 滤布

6 量匙

4 锅铲

8 木勺

14 锅具

11 搅拌料理机

12 打蛋器

13 炒勺

制作辅食的基本方法

乍一看，宝宝辅食的制作好像特别简单，可如果对大米等各种谷物的特性没有很好的了解，恐怕结果将难以如愿。多数的结果将是：要么不熟，要么味道差很多。下面将向大家介绍宝宝爱吃的辅食DIY必备基础料理方法。

正确的淘米方法是美味的第一步

淘米（洗米）是为了去除米中可能含有的杂物以及大米表层的米糠，让米饭或米粥更美味。观察大米颗粒后，你会发现表面有些顺状的凹槽，米糠便夹杂在此处。只需在水中轻轻搓洗即可去除。

1. 将大米放入冷水中浸泡20 ~ 30分钟。泡发后用手指转圈搅拌，然后将水倒掉，再次放入冷水并重复上述动作。
2. 倒掉淘米水，用手轻轻揉搓米粒。此过程共重复三次。

大米接触水分的瞬间会吸收水分，而水温越高，吸水率也越高，这会导致米饭的味道变差。因此，必须使用冷水淘米。此外，淘米3次即可充分去除米中的杂质和米糠。故不必洗到淘米水完全清澈。

每种谷物的泡发时间不同

你是否有过这样的经历呢？将大米和大豆一起泡发后蒸制米饭，大米熟了，大豆却仍是夹生状态。这是由于每种谷物的吸水速度和蒸熟速度不同。为避免此类情况，必须区分不同谷物的泡发时间。具体请参考下表。

谷物种类	小米	黍米（大黄米）	大米	糯米	糙米	绿豆	大豆	红豆
泡发时间	20分钟	20分钟	30分钟	30分钟	45分钟	45分钟	2小时	半天

把握好不同大米的分量

宝宝们的饭量通常都很小，因此，很难掌握好辅食制作所需的米量。有时明明感觉不太够，可只添加少许却最终导致大大超量。大米泡发后的量的变化请参考下表。但根据米的种类、水温和火候的大小会有所差异。这一点还请注意。

普通米	泡发后的米	用普通米蒸饭时	用泡发后的米蒸饭时
7g	10g	25g	35g

掌握大米与水的分量配比

前面已介绍过辅食的添加形态和添加量应随着宝宝月龄的不同而变化（请参考12 ~ 13页）。那么，对照建议量又该如何把握米、水的分量配比呢？对于未曾做过宝宝辅食的新手妈妈而言，这恐怕也是最难的一点。不妨参照下表来了解一下不同的米、水配比最终会制作出多少量的辅食吧。表中所列分量均以每2次的辅食添加量为基准。

辅食各阶段	泡发米	泡发杂粮	水	完成量
初期辅食（米糊）	14g		200ml	80g
中期辅食（粥）	35g		400ml	172g
	30g	10g	400ml	142g
后期辅食（软米饭）	80g		450ml	220g
	70g	10g	450ml	196g
终了期辅食（米饭）	150g		500ml	310g
	130g	20g	500ml	272g

尝试调整料理顺序

不少新手宝妈在制作辅食时，会将米和食材一起放入水（汤）中煮烂。这样虽然也能吃，但如果你能将料理顺序稍作调整，就会发现辅食的味道更美，营养也更丰富。

1. 将泡发后的米放入锅中。
2. 将米粒炒到透明状。
3. 将预先准备的水（汤）倒入后煮制。
4. 放入捣碎的蔬菜和主料，小火慢炖。

🍳 牛肉、鲍鱼等与泡发米一起炒制。

这种料理方法的要点在于：一是只将泡发过的米放入锅中；二是蔬菜不要预先焯熟。大米炒制时释放出的淀粉成分会使食物的味道既清淡又醇香。此外，辅食添加时期的宝宝的味觉比成人更加灵敏，他们可以记忆每种食材的口味、气味和口感，并逐渐形成自己的饮食习惯。蔬菜焯熟后使用会改变它原本的口味、气味和口感，这将最终导致宝宝在品尝时误认为是未曾尝试过的食物，从而养成偏食的不良习惯。再者，B族维生素、维生素C等水溶性维生素极易溶于水，并会在高温环境中遭到破坏。所以，建议不要将蔬菜预先焯熟，最好直接使用。

不过，土豆、地瓜、南瓜等根茎类蔬菜的熟制时间较长。当一次性料理过多时，最好事先焯熟后再使用。另外，大量的菠菜可导致食物的味道发涩。此时，请略微焯水后再使用。但如果仅少量使用，则只需洗净即可。

天然食材给宝宝最好的呵护

辅食的制作，除食材外还需要汤料来搭配。这里，我为大家整理了一些最常用的汤料配方。天然的食材在带来美味的同时，还能呵护宝宝的健康。可以提前准备一些冷冻贮存，以备不时之需。

蔬菜汤

用料：卷心菜1/4棵，胡萝卜1/2根，洋葱1个，香菇2个，清水1000ml。

制作方法：

1. 蔬菜择好，去皮、洗净。
2. 将准备好的蔬菜全部放入锅内，加入适量的水后大火烧开，然后，转中火继续熬煮10 ~ 15分钟。
3. 将步骤2中的食材用滤布去渣后，保留汤汁。

牛肉汤

用料：牛肉（牛腩肉）100g，白萝卜1/4根，大葱1/3棵，清水1000ml。

制作方法：

1. 牛肉放入冷水中，浸泡30分钟，去血水。
2. 白萝卜和大葱择好，去皮、洗净。
3. 将去掉血水的牛肉与白萝卜、大葱一起放入锅内，加入适量的水后大火烧开，然后转中火继续熬煮10 ~ 15分钟。
4. 将步骤3中的食材用滤布去渣后，保留汤汁。

鸡汤

用料： 鸡胸肉100g，大葱1/3棵，大蒜6瓣，清水1000ml。

制作方法：

1. 大葱、大蒜择好，去皮、洗净。
2. 将鸡胸肉、大葱、大蒜放入锅内，加入适量水后大火烧开，然后转中火继续熬煮10~15分钟。
3. 将步骤2中的食材用滤布去渣后，保留汤汁。

🍳 可将用过的鸡胸肉捞出、撕碎后加入辅食中。

鳀鱼昆布汤

用料： 鳀鱼3条，昆布（10cm×10cm）1张，萝卜1/3根，清水1000ml。

制作方法：

1. 去除鳀鱼的头和内脏，昆布泡发后用抹布擦净，白萝卜洗净。
2. 将鳀鱼、昆布、萝卜放入锅内，加入适量的水后大火烧开，然后转中火继续熬煮10～15分钟。
3. 将步骤2中的食材用滤布去渣后，保留汤汁。

蛤蜊汤

用料： 蛤蜊（菲律宾蛤仔）1/2杯，洋葱1/2个，清水1000ml。

制作方法：

1. 蛤蜊洗净后放入盐水中浸泡、去沙。
2. 洋葱去皮、洗净。
3. 将蛤蜊和洋葱放入锅内，加入适量清水后大火烧开，然后转中火继续熬煮10～15分钟。
4. 将步骤3中的食材用滤布去渣后，保留汤汁。

适合搭配的食材

"辅食不是只需将好吃且对身体有益的各种食材一股脑儿地混在一起捣碎就可以了吗？"很多宝妈们都会有这样的疑问。但辅食本身并不含盐或其他调料，而只能呈现出食材本来的味道。所以，要想让辅食美味且营养均衡，就需要将不同的食材进行合理搭配。

➕ **洋葱、甜椒**：可以去除牛肉的腥味，使味道更醇厚。

➕ **蘑菇（香菇、杏鲍菇、金针菇等）**：提味。

➕ **绿黄色蔬菜（韭菜、胡萝卜、菠菜、西兰花、花菜、紫苏叶、茭白、卷心菜等）**：牛肉含铁、磷、牛磺酸等成分，容易使人体内产生酸性物质。与蔬菜等碱性食物一起食用，可以很好地均衡营养。牛肉中虽蛋白质含量丰富，但维生素C的含量极低。紫苏叶则含有丰富的维生素成分，可以有效弥补牛肉营养成分的不足。

➕ **绿黄色蔬菜（西兰花、胡萝卜、韭菜、彩椒等）**：鸡肉虽含有丰富的蛋白质，但缺乏维生素。因此，最好与绿黄色蔬菜一起食用。

➕ **红枣**：红枣性温和，可以使人体内脏比较舒适。与鸡肉同食，不仅可以促进消化和营养吸收，还能帮助恢复元气。

猪肉

➕ **香菇**：可有效降低胆固醇水平，调节血压，增强人体免疫力。

➕ **豆渣**：豆渣可增加体内有益物质，排出有害物质，有益于血管健康。

白鱼肉

➕ **富含维生素的蔬菜（胡萝卜、洋葱、豌豆、西兰花）**：白肉鱼的维生素含量较低，与维生素含量丰富的蔬菜搭配食用可以更好地均衡营养。

海鲜

海带 ➕ **豆腐**，昆布 ➕ **大豆**：大豆中含有大量的皂苷成分。这一物质虽然有一定的药理作用，但摄入过多会造成甲状腺激素的构成成分——碘的流失，从而导致甲状腺素低下。因此，豆制品最好与富含碘的海藻类一起食用。

蛤蜊 ➕ **茼蒿**：高蛋白的蛤蜊可与富含维生素的茼蒿搭配。茼蒿气味较重，只在辅食中少量添加即可。

虾 ➕ **野葵**：虾中含有丰富的蛋白质和B族维生素。野葵则富含维生素A、维生素C等。二者营养可互补。

牡蛎 ➕ **柠檬**：牡蛎中含有大量的自溶酶，很容易腐烂变质。柠檬中的柠檬酸成分具有强酸性，可有效抑制腐败细菌的滋生。此外，柠檬中含大量的维生素C，可大大提高人体对牡蛎中铁的吸收。柠檬味酸，气味较重，不可直接添加到宝宝辅食中。可先将牡蛎淋上柠檬汁后再使用。

乳制品

牛奶 ➕ **草莓、西红柿、玉米：**玉米成分以碳水化合物和脂肪为主，构成蛋白质的氨基酸品质较差，尤以赖氨酸含量严重不足。而牛奶中八大必需氨基酸的含量均匀，且赖氨酸和色氨酸的含量丰富。因而，玉米跟牛奶在营养学上是绝配。

奶酪（芝士）➕ **土豆：**作为牛奶蛋白质的发酵食品，奶酪中蛋白质和脂肪的含量分别高达27%、37%。同时，作为一种高热食品，也非常易于消化。此外，奶酪中还含有大量的维生素、钙、磷等成分，与富含维生素C和矿物质的土豆同食，可以实现营养互补。

蔬菜类

韭菜 ➕ **豆瓣酱：**大豆发酵后制成的豆瓣酱非常有助于消化、吸收。但其含盐量过高的同时，维生素A、维生素C的含量不足。韭菜则富含钙，可降低钠的水平，又可补充豆瓣酱中缺乏的维生素。

茄子 ➕ **金针菇：**将口味清淡的茄子和金针菇在热水中焯熟后同食，可调和茄子松软与金针菇易塞牙的特性。

胡萝卜 ➕ **食用油：**胡萝卜中所含维生素为脂溶性，用食用油炒制或与油同食，可大大提高人体吸收率。

菠菜 ➕ **芝麻：**有助于预防结石和改善贫血症状。

豆浆 ➕ **面条：**对于出汗过多、食欲不振的宝宝来说，豆浆搭配面条的确别有一番风味，可令其食欲顿开。

各种食材的添加时间及保存方法

为了确保宝宝的膳食均衡，就可以在宝宝辅食中任意添加宝宝未曾尝试过的新食材吗？答案是否定的。每一种食材都有其合理的添加时间，必须严格遵守，切不可操之过急。建议根据宝宝的发育状况和食材的特性，循序渐进地让宝宝品尝不同的食材。

初期：4～6个月；中期：6～8个月；后期：9～11个月；
终了期：12个月之后。

谷类

*请遵循渐进的原则。

种类	开始添加时间	使用方法	保存方法
大米	初期	根据宝宝月龄的大小，所用米粒的大小不同	阴凉处密封保存，避免高温、潮湿环境
黍米	初期	在水中泡发后使用	阴凉处密封保存，避免高温、潮湿环境
糯米	初期	根据宝宝月龄的大小，所用米粒的大小不同	阴凉处密封保存，避免高温、潮湿环境
糯粟（黏谷子）	初期	在水中泡发后使用	冷藏保存
发芽糙米	初期	根据宝宝月龄的大小，所用米粒的大小不同	开封后用夹子将开口密封，置于阴凉处保存
高粱	初期	根据宝宝月龄的大小，所用米粒的大小不同	密封后置于阴凉处或冷藏室内保存
大麦	初期	根据宝宝月龄的大小，所用米粒的大小不同	阴凉处保存，注意防潮
芝麻、苏子	中期	放研钵中捣碎后使用	阴凉处密封保存
小麦	中期*	必须熟烂后再添加到宝宝辅食中	阴凉处密封保存
荞麦	终了期	使用以荞麦为原料的凉粉、茶等	通风、阴凉处密封保存

肉类

种类	开始添加时间	使用方法	保存方法
牛肉	中期	选用脂肪较少的里脊肉或腱子肉	将所有牛肉剁碎、炒熟后平铺为薄薄的一层，按每次所需分量分别放在保鲜袋内冷冻保存。使用前放在冷藏室或室温环境下自然解冻即可
鸡肉	中期	选用脂肪较少的鸡肉或鸡胸肉	肉质较松软，冷冻会影响其口感，所以最好使用鲜肉。必须要冷冻保存时，可煮熟后撕成丝。然后按照每次的用量分别置于保鲜袋内冷冻保存。使用前自然解冻即可
猪肉	后期*	后期可选用里脊肉	可放于保鲜袋内冷藏/冷冻保存。也可以做熟或用调料煨好后平铺为薄薄的一层，然后按每次所需分量分别放在保鲜袋内冷冻保存。使用前进行自然解冻即可
鸭肉	终了期	去除脂肪，只选用精肉部分	将每次所用分量分别平铺在保鲜袋内冷冻保存

鸡蛋及乳制品

种类	开始添加时间	使用方法	保存方法
鸡蛋	蛋黄：中期* 蛋清：终了期*	蛋黄从中期开始，蛋清从终了期开始少量地慢慢开始尝试	小头朝下冷藏储存。用于宝宝辅食原料时，可以做成鸡蛋松，并放在保鲜袋内冷冻保存。使用前，用微波炉解冻。须少量使用
奶酪	中期*	含盐量过高，请选用婴幼儿专用奶酪	密封后冷藏储存
牛奶	中期*	可能会导致消化不良，在宝宝辅食中少量添加即可	冷藏储存
原味酸奶	中期*	请选用不含糖的原味酸奶	放于密封容器内，冷藏储存

海鲜及海藻类

种类	开始添加时间	使用方法	保存方法
白肉鱼	中期	出生满6个月后可以食用	如果购买的是鱼干，最好按每次所需分量分别用保鲜膜包裹后冷冻保存。若有余量，可剁碎后放于保鲜袋内冷冻保存，随用随取
海带	中期	切碎后从中期开始慢慢地尝试	盐渍海带可放于塑料袋内冷藏。如为干海带，则应与购买时的内置干燥剂一起密封保存
虾	中期	去除虾头、虾皮、虾尾、内脏，只使用虾仁部分	去头、内脏后煮熟，放于保鲜袋内冷冻保存。此时应注意防止虾仁粘连。或者按每次所需分量分别用保鲜膜包裹后冷冻保存
海虹（青口、贻贝）	中期	去除足丝，清洗干净后使用	去除足丝，略微焯水后冷冻保存
智利鲈鱼	中期	去除鱼刺，只选用鱼肉部分	去刺，剥出鱼肉。按每次所需分量分别用保鲜膜包裹后冷冻保存
黄花鱼	中期	去除鱼皮、鱼骨，只选用鱼肉部分	通过腮部去除内脏，将每一条分别用保鲜膜包裹后冷冻保存
鲽鱼（偏口鱼）	中期	为低脂、高蛋白鱼类，只选用鱼肉部分	去头、内脏后清洗干净。将每一条分别用保鲜膜裹紧后整齐码在保鲜袋内，冷冻保存
刀鱼	中期	有大量乱刺，使用时要多加小心	分段，将每一节分别用保鲜膜包裹后，冷冻保存
昆布	中期	在水中泡发、切碎后使用	用保鲜袋密封后，放于干燥处保存。注意防潮
鱼子	中期	去除鱼类卵巢组织，只选用鱼子部分	将每一团分别用保鲜膜包裹后冷冻保存
鳕鱼	中期	去除鱼刺，只选用鱼肉部分	鳕鱼很难保鲜，故须沥水后切段，然后将每一段分别用保鲜膜包裹后冷冻保存

种类	开始添加时间	使用方法	保存方法
扇贝	中期	去除内脏，只选用扇贝肉	剥肉后洗净、沥水，放于密封的容器内冷藏
牡蛎	中期	用流水清洗干净	放于盐水中浸泡，冷藏
菲律宾蛤仔	中期	焯水后去壳、去杂质，只选用蛤蜊肉	放于盐水中浸泡，冷藏或冷冻。最好焯水后剥肉并冷冻保存
蛤蜊肉	中期	去内脏、洗净后使用	焯水后控水并放于保鲜袋内，冷冻保存
海胆	中期	仅用少许即可	如果只有1~2周的量，可冷藏保存
螃蟹	中期	只选用蟹肉部分	将新鲜的螃蟹煮熟后冷冻保存。煮制时间过长会导致蟹肉流失，降低口感
鳗鱼干	中期*	可以在宝宝满6个月之后熬成汤料使用，也可剁碎后使用	因是干货，容易吸附冰箱气味，故应用保鲜袋密封后冷冻保存
烤紫菜	中期*	应避免使用含盐量较多的调味紫菜	密封、防潮。如需长时间放置，可放于保鲜袋内冷冻保存
海螺	后期*	去除内脏后，只选用海螺肉部分	用潮湿的新闻纸包裹后冷藏保存，或者略焯水后，挑出海螺肉冷冻保存
鱿鱼	后期*	从后期开始，剁碎后慢慢开始尝试使用	处理后将躯干与腿部分离，控水，然后用保鲜膜或保鲜袋包裹后冷冻保存
章鱼	后期*	从后期开始，剁碎后慢慢开始尝试使用	略焯水后冷藏或冷冻保存
金枪鱼	终了期	去油脂后使用。金枪鱼罐头须焯水后使用	按每次所需分量分别用保鲜膜包裹后冷冻保存。如为金枪鱼罐头，则需去油脂、焯水后平铺在保鲜袋内冷冻保存
红肉鱼	终了期*	从后期开始，仅少量使用	分段，将每一段分别用保鲜膜包裹后冷冻保存

种类	开始添加时间	使用方法	保存方法
秋刀鱼	终了期*	去除头和内脏，切断后洗净、控水。秋刀鱼含铁丰富，可预防贫血	冷冻保存
三文鱼	终了期*	将柔软的鱼肉部分切碎后使用	控水并用保鲜膜裹紧后冷冻保存，也可以煮熟后，将鱼肉剥出、碾碎，并用保鲜膜包裹后冷冻保存
蓝背鱼	终了期*	可能会引起过敏反应，请慢慢开始尝试	如果是整条的，可以将每一条分别用保鲜膜包裹后冷冻保存。需事先去除鱼刺，并处理干净，以便于后期使用
鳗鱼	终了期之后	油脂过高，可在宝宝满15个月之后开始少量使用	处理干净后切断，分别用保鲜膜包裹后冷冻保存
青花鱼	终了期之后	秋季和冬季为其时令季节。宝宝满15个月之后可以使用	去头、内脏和鱼骨，用保鲜膜裹紧后冷冻保存

豆 类

种类	开始添加时间	使用方法	保存方法
老豆腐、嫩豆腐	中期	不可生食，需烹饪后食用	放于水中冷藏，并定期换水。若要冷冻保存，需控水、制成豆腐渣后，按每次所需分量分别置于保鲜袋内冷冻
黑豆	中期	去皮、捣碎后使用	密封、避光、阴凉处保存
豆渣	中期	只可在宝宝辅食中少量添加	分成小份，分别放于保鲜袋内冷冻保存
豌豆	中期*	去皮后使用。尤其是在中期，必须磨细、确认无颗粒后再给宝宝喂食	最好尽快食用。若要保留豆荚，需用新闻纸包裹后冷藏保存。如果只有豆粒，则可以按每次所需分量分别用塑料袋或保鲜膜包裹后冷冻保存
扁豆	中期*	去皮后使用	阴凉处保存，注意防潮
红豆	中期*	去皮后使用	阴凉处保存，注意防潮
油炸豆干	中期*	焯水去油脂后使用	用保鲜袋密封后，冷冻保存
豆浆	中期*	市场上销售的豆浆通常含糖，不适合用作宝宝辅食	自制豆浆容易变质，须即时使用。不得已时，最好放于密封容器内冷藏保存

蔬菜类

种类	开始添加时间	使用方法	保存方法
南瓜、茭白	初期*	去皮后使用	置于通风处保存。切开后，瓜瓤周边部分容易腐烂，故需去瓤后用保鲜膜或保鲜袋包裹后冷藏。也可煮烂后放于保鲜袋内冷冻保存，最后制成南瓜泥用作宝宝的点心
地瓜	初期*	地瓜泥可从初期开始喂食	为防止干瘪，可用新闻纸包裹后置于通风处常温保存。剩余的部分可用保鲜膜包裹切面后冷藏
胡萝卜	初期*	磨成泥，中期开始剁碎后使用	用纸袋包装后置于通风处保存。室温较高时，可放在保鲜袋内冷藏
菠菜	初期*	含铁丰富，可在后期经常喂食。食用过多或生食可诱发胆结石	用厨房纸巾包裹后，放在保鲜袋内冷藏。最好不要冷冻保存
卷心菜	初期*	可以榨成菜汁使用	利用表层菜叶包紧后，放在保鲜袋内冷藏
西兰花、花菜	初期*	只可在宝宝辅食中添加花蕾部分	掰成小朵后用保鲜袋密封，冷藏
土豆	初期	去皮后使用	放在纸袋或纸箱内，置于通风处常温保存，但应注意避免低温贮存。也可以焯水、放凉后冷藏
萝卜	中期*	磨碎后使用	用新闻纸包好后置于阴暗、通风处保存。用后将剩余的部分用保鲜膜包裹后放在冰箱蔬菜盒内冷藏
莲藕	中期*	内含纤维，磨碎后使用	用潮湿的新闻纸包裹后置于阴暗、通风处保存。切开后的莲藕可用保鲜膜将切开面包裹后冷藏保存

种类	开始添加时间	使用方法	保存方法
葱	后期	焯水去辣味之后使用	按便于保存时间的长短分成几段后放在塑料袋内冷藏
黄瓜	后期	必须去皮后使用	沥水后冷藏
茄子	后期	去皮后蒸或烤着吃	夏季可装在塑料袋内冷藏。易冻伤，故冬季须放在纸袋内置于阴凉处保存
紫甘蓝	后期	切碎后使用	利用表层菜叶包好后装在塑料袋内冷藏。通常从菜心部分开始腐烂，可以去除菜心后保存
竹笋	后期	富含纤维物质，需磨碎后使用	焯水后与水一起放在密封容器内冷藏，并定期换水
玉米	后期	为便于消化，需要去除玉米粒的外包皮后，选用较松软的部分	即买即食。如有剩余，可以将玉米粒单独放在保鲜袋内冷冻保存
芦笋	后期*	去除表层纤维质、焯水后开始慢慢尝试	用挤干水分的厨房纸巾包裹后，装在塑料袋内冷藏
洋葱	终了期	切开后浸泡在水中去辛味，并充分炒熟后使用	低温条件下易腐烂。可放在网兜或篮子内保存，剩余的部分则需用保鲜膜包好后冷藏
水芹菜	终了期	香味较浓，最好从后期开始使用	用报纸包好后装在塑料袋内冷藏保存
生菜叶	终了期	可生食，撕碎后给幼儿喂食	用潮湿的厨房纸巾包裹后，装在塑料袋内冷藏保存
芽苗菜	终了期	可生食，也可在宝宝辅食中少量添加	用潮湿的厨房纸巾包裹后冷藏保存

种类	开始添加时间	使用方法	保存方法
山药	终了期*	有黏液，可慢慢尝试	用报纸包裹后置于通风、阴凉处保存
芋头	终了期*	可能会引发过敏反应，可在宝宝周岁以后慢慢开始少量尝试	保留表层的泥土，用潮湿的报纸包好后放在阴凉处保存
辣椒	2岁以后	辣味较重，可在宝宝2岁后少量食用	若想长久保存，需完全晒干后放在通风处保存
大蒜	不适合辅食阶段	因其味道过重，不适合在这一阶段选用	置于通风处保存。夏季最好放在冰箱内冷藏
香菜	不适合辅食阶段	具有强香，嗅觉较灵敏的宝宝可能产生抵触情绪。故不建议在这一阶段使用	湿的香菜可用潮湿的厨房纸巾包裹后放在塑料袋内冷藏；干的香菜则需要放在密封容器内保存，以免进入潮气
牛蒡	不适合辅食阶段	纤维较粗硬，可从儿童时期开始使用	保留土块，置于通风、阴凉处保存

水果类

种类	开始添加时间	使用方法	保存方法
苹果	初期*	常用于宝宝辅食的代表性水果。初期可使用苹果泥。含糖，需慢慢开始尝试	放在塑料袋内冷藏，或置于阴凉处保存
哈密瓜	初期*	最好在后期切丁，用作宝宝点心。初期可只用其果泥	成熟前可常温保存。切开后需用保鲜膜包裹后冷藏保存
桔子	初期*	将桔瓣外表皮去掉后喂食	通风、阴凉处保存
梨	初期*	初期做成泥，也可在后期切丁直接食用	放在塑料袋内冷藏保存
香蕉	初期*	在初期少量开始尝试，然后慢慢加量	成熟的香蕉可放在塑料袋内冷藏。成熟前须常温保存，使其自行成熟。如要长期保存，可去皮放保鲜袋内冷冻
丑橘	初期*	将橘瓣外表皮去掉后喂食	置于阴凉处保存。切开后，需用保鲜膜包裹并放入冰箱内冷藏
牛油果	中期	将成熟的果肉捣碎后使用	若手感较硬，则置于常温下待其成熟后食用。将成熟的果实放在阴凉处可延缓其熟烂速度
草莓	中期*	后期开始慢慢尝试。草莓籽（草莓表面的黑色颗粒）不可喂食	不要清洗，直接用保鲜膜包好后冷藏
芒果	中期*	熟透后，取柔软的果肉，慢慢尝试喂食	如尚未熟透，则放于室内待其成熟。成熟的果实最好用保鲜膜包好后冷藏保存
西瓜	中期*	去子，根据宝宝月龄的不同分成不同的大小喂食。喂食生果汁可能让宝宝口味偏甜，请多加注意	放于通风、阴凉处保存。切开后，要将切面用保鲜膜覆盖后冷藏

种类	开始添加时间	使用方法	保存方法
葡萄	中期*	去皮、去籽，喂食果肉部分	冷藏保存。温度过低会影响其甜度
猕猴桃	后期*	略带酸味。猕猴桃子可能引发过敏反应，请慢慢尝试喂食	保鲜时间较长，可在冰箱内放置3个月左右
无花果	后期*	去籽，将果肉切小丁后慢慢开始尝试喂食	放在塑料袋内冷藏，不易长时间保存
樱桃	后期*	去皮、去子，慢慢尝试喂食	放在塑料袋内冷藏
桃	后期*	去皮，慢慢尝试喂食果肉部分	如尚未成熟，则放于室内待其成熟。成熟的桃子容易腐烂，最好冷藏，并尽快食用
杏	后期*	去皮，去核，慢慢尝试喂食果肉	如尚未成熟，则放于室内待其成熟后食用。熟透的果实如需长时间放置，则需冷藏
李子	后期*	去皮、去核，慢慢尝试喂食果肉部分	如尚未成熟，则放于室内待其成熟后食用。熟透的李子装在纸袋内冷藏保存
梅子	终了期*	去皮，慢慢尝试喂食	冷藏保存。青梅或腌制的梅子可长久保存
桑葚	终了期*	味酸，慢慢尝试喂食	放在密封容器内冷藏。如要长久保存，可洗净后放在密封容器内冷冻或晒干后贮存
柿子	15个月以后*	宝宝满15个月以后慢慢尝试喂食	放在塑料袋内冷藏。冷冻条件下可保存较长时间
菠萝	不适合辅食阶段	富含纤维质，味酸，不适合辅食阶段的宝宝	切开前，可倒立在阴凉处保存；切开后，则需要密封冷藏

坚果类

种类	开始添加时间	使用方法	保存方法
板栗	初期	捣碎后使用	装在带有呼吸孔的塑料袋内冷藏
松仁	中期*	铺在纸上碾碎后使用。慢慢尝试喂食	密封后冷藏
杏仁	后期*	略微焯水后捣碎使用。慢慢尝试喂食	容易吸附气味，需要密封后保存
核桃	终了期*	略焯水后，用牙签将桃仁外表皮去除再使用	保存时尽量保留外壳。如为核桃仁，则需要密封贮存
银杏	15个月以后	宝宝满15个月以后，稍煸炒后去皮使用。每天喂食量不能超过2粒	带皮装在纸袋内冷藏
花生	不适合辅食阶段	使用前，要先炒好或煮好后去掉皮和胚芽。可能引发过敏反应，建议从儿童时期再开始喂食	将生花生焯水后冷藏。晒干的花生则放在通风处保存，并注意防潮

菌类（蘑菇）

种类	开始添加时间	使用方法	保存方法
香菇	中期	去掉菌柄，只使用较软的菌盖部分	生香菇怕水，易腐烂，最好装在塑料袋内冷藏，也可以去掉菌柄后冷冻保存
金针菇	中期	去根、剁碎后使用	放在塑料袋内冷藏。长时间保存时可冷冻处理
杏鲍菇	中期	剁碎后使用	用保鲜膜包裹后冷藏
口蘑（双孢菇）	中期	将沾土的部分去掉，剁碎使用	冷藏保存。易变质，需尽快食用

宝宝辅食问答须知 Q&A

从事婴幼儿食品讲解工作以来，我收到了很多来自宝妈们的提问。辅食添加是宝宝成长的必经阶段，需花费大量的心思。尤其是刚生下第一胎宝宝的新手妈妈们，经常会因为不懂的事情太多而感觉烦闷。我整理了有关宝宝辅食添加的常见问答，敬请参考。

Q. 宝宝辅食从什么时候开始添加？

A. 辅食添加的起始时间是新手宝妈最大的困扰。其实，只要细心观察宝宝的一些表现，就可以找到答案。

· 与平时相比，口水增多。

· 不管抓到什么都本能地往嘴里送。比如，吃奶时用牙咬住妈妈的乳头或用舌头拨弄。

· 新生儿睡觉时做出各种表情和动作是因为宝宝在妈妈肚中吞吐羊水的习惯被保留了下来。这一表现在进入辅食阶段后会自然减少或消失。

· 有意观察妈妈或周边人吃饭的样子。看到这一现象，就该准备添加辅食了。但辅食添加的时间也会根据选择母乳喂养还是奶粉喂养而有所不同。奶粉喂养的宝宝最早从满4个月开始添加辅食；母乳喂养的宝宝则可以从满6个月后开始添加。

· 若宝宝满6个月以后仍未添加辅食，可能会导致宝宝营养失衡。

Q. 宝宝患有过敏性皮炎时，应从什么时候开始添加辅食？

A. 讲解过程中最常被提问到的就是关于有过敏性皮炎的宝宝应从何时开始添加辅食的问题。过敏性皮炎可能会在宝宝满24个月之后痊愈，也可能在青少年时期复发。宝宝膝盖后侧的腘窝或胳膊肘内侧等皮肤褶皱部位出现的红色斑点或疹子并不一定都是过敏性皮炎，需要去医院检查、确诊。另外，还需要确认是否为食物过敏反应。引起食物过敏的因素之一是遗传因素。如果没有家族遗传史，则可以基本排除食物过敏的嫌疑，进而初步判断为过敏性皮炎的相关症状。

患有过敏性皮炎的宝宝在初次进行辅食添加时，可能会对新的食材产生过敏反应。因此，在添加辅食初期，应每天记录选用食材的种类，最好能整理成辅食日历表。如此一来，便能清楚地知道哪种食材会引发宝宝的过敏反应。

可以将过敏的食材在一两个月之后再次进行尝试。另外，辅食中添加新的食材时，在上午给宝宝喂食并观察其反应是相对比较安全的。

Q. 辅食添加所用的勺子应如何选择？

A. 辅食添加时所用的勺子应根据宝宝月龄的大小而有所区别。请参照以下说明进行相应的选择。

· **辅食初期：** 这一时期，宝宝的舌头无法上下左右地进行自由活动，只能像吃奶时一样前后进行吸吮。所以，应选择深度较浅、与宝宝的口型和口部大小相吻合的勺子。以质地较软的硅胶或玉米等环保材质为佳。

· **辅食中期：** 这时宝宝的牙床逐渐变硬，咀嚼食物的动作也有了明显进步。这一时期所用勺子的深度要比初期稍深一些，须确保每次的喂食量不超过勺子的一半。有些宝妈常常为了让宝宝多吃一些而满满地盛一大匙给宝宝喂食，殊不知，这种做法会导致宝宝因口中的食物过满而产生心理负担，而且也不利于细嚼慢咽。

·辅食后期、终了期：这一阶段，宝宝们开始长出乳牙，食量也有所增长。因此，需要跟随宝宝成长的脚步改用比前期更大一些的勺子。勺子可以选择不锈钢材质的。如果宝宝不能乖乖地吃饭，可以给他一把色彩艳丽的勺子，把他的注意力吸引到饭桌上来。

Q. 宝宝无法进食、干呕，怎么办？

A. 遇到宝宝产生呕吐反应，宝妈们通常会担心"是不是我做的饭菜不好吃？"或者"是不是哪种食物出问题了？"实际上，当宝宝吃到味道较重的食物或咀嚼不便时经常会出现这种症状。这时，只要更换为较早时期的食谱，或加水稀释辅食就可以解决。

也有的宝宝会因对某种食物的抗拒心理而反复出现呕吐反应。遇到这种情况，不要怀着"很快就会好起来的"的侥幸心理而忽视，应当积极地寻找解决对策。

Q. 宝宝拒绝辅食添加而喜吃白米饭，怎么办？

A. 宝妈们经常会感到给宝宝喂食米饭比喂食辅食更容易些。有的宝妈会认为"我家宝贝竟然已经开始吃米饭了"，从而开始努力地给宝宝喂食米饭，甚至会在终了期就直接喂食白米饭。但我建议最好不要操之过急。

因为，这可能会给宝宝带来胃肠疾病的困扰。虽然看似宝宝在慢悠悠地吃着米饭，但实际上他只是将整颗米粒咽了下去而并未加以咀嚼。这会增加宝宝肠胃负担，而且容易造成消化不良，对宝宝饮食习惯的形成也不利。故应严格按照宝宝的月龄添加辅食或婴儿食品。

Q. 宝宝病好后拒绝吃辅食，怎么办？

A. 生病会导致宝宝饮食习惯的紊乱，从而让宝宝对生病前爱吃的食物产生了抵触情绪。当妈妈们看到宝宝对自己的努力产生抗拒心理时，就容易感到失落。病情痊愈后，宝宝的胃口和身体状态并不会立即恢复正常。正因如此，宝妈们可以在宝宝病好后的前1~2周内先按"泥糊状食物→颗粒状食物→固体食物"的次序进行辅食添加。还应注意：这时的粥须比平时更稀一些。等宝宝的气色略有好转时，再按照前一辅食阶段的食谱添加15天的辅食。直到宝宝的身体完全康复后，才可以继续根据宝宝的实际月龄进行辅食添加。

Q. 为什么我家宝宝在见到一种全新的食物时，只闻味，不进食？

A. 宝宝们通常会对自己所爱食物的气味非常熟悉。因为舌头的味觉功能尚未完全发育，所以他们会习惯记忆食物的气味，而非口感或食物的形态。宝宝的年龄越小，嗅觉越灵敏。如果看到宝宝对自己精心准备的食物作出摇头状时，不妨试着闻一闻宝宝平时所爱吃的食物的气味。这样你就会恍然大悟，从而制作出与其气味和口感相近的食物。建议不要让每餐的食物在嗅觉和视觉上产生较大幅度的波动。这是因为宝宝的认知能力往往比我们想象得更突出。

Q. 我家宝宝为什么只喜欢吃爸爸妈妈所吃的食物？

A. 当你专门为他制作了低盐的婴儿专用食物时，宝宝反而会哭闹着要吃大人所吃的食物。这时该如何是好呢？在抚养孩子的过程中，类似的情况往往是不可避免的。宝宝们会对初次接触到的食物味道产生记忆，尤其是对刺激性的味道记忆深刻。因此，应尽可能地延缓宝宝对大人餐食的尝试。如果宝宝已经有过尝试并执着于大人的食物时，大人可以根据宝宝的口味来调节食物的咸淡度。此外，如果之前没用过餐盒，不妨试着将宝宝的食物盛放在专用的漂亮的餐盒中。这可以帮助宝宝在不知不觉中形成"餐盒中的食物必须全部解决"的思维定式。

Q. 给宝宝做菜时有哪些注意要点呢？

A. 给宝宝制作菜肴时，请谨记以下几点：

• 观察自家宝宝的牙齿数量。每个宝宝的发育情况各不相同，应注意区分食材的大小。第一次可以将食材切碎后慢慢尝试喂食。

• 蔬菜最好不要生食。

• 炒菜比煎炸食品、拌菜比炒菜更有利于身体健康。

• 料理肉类或海鲜时，必须与蔬菜搭配使用。

如何高效阅读本书

烹饪时，以此为参考可以得到很好的启示。

中期辅食
～8个月

冬季为牡蛎的时令季节，最好应季食用。其他季节可以食用冷冻产品。

每道菜都标注了所适用的辅食添加阶段。

* 文中所标记的宝宝月龄均以满月为准，而不是第几个月。

为便于掌握烹饪过程，本文特意做了图片标注。

· 每个阶段的辅食制作方法大同小异，基本都是以PART 1~4的第一道食谱为基础，而后在食材的选配上进行了调整。因此，请务必从第一道食谱开始阅读。

· 每一阶段每种辅食中所用大米的研磨程度和最终的稀稠度比较请参考第12~13页。

这里标注了每种辅食所对应的营养信息等。

牡蛎韭菜粥

牡蛎富含蛋白质、钙、维生素等营养成分，有"海中牛奶"的美誉。如宝宝的体质偏弱，可用此粥来为其补充蛋白质。

材料：

泡发大米30g，牡蛎10g，韭菜7g，洋葱5g，蔬菜汤400ml。

制作方法：

1. 将泡发大米用料理机磨成1/3大小。

2. 牡蛎用淡盐水洗净后切碎。

3. 韭菜、洋葱切碎。

4. 将步骤1的食材放入锅中，炒至米粒透明时加入蔬菜汤小火慢炖。

5. 米粒开花后，放入步骤2和3的食材，并再次加热至食材熟烂。

这里罗列了每种食材的种类和数量：

· 每种食材的分量均以每2次的添加量为准。

· 各种肉汤和汤料的制作请参考第20~21页。

· 因为每种食材的分量都必须准确，所以统一以g和ml为计量单位。

· 为了方便辅食或点心制作时的计量，标注有1大匙或1小匙。（1大匙为15ml，1小匙为5ml。）

PART 1

初试新口味
——初期辅食
（4~6个月）

这一时期的宝宝，牙齿尚未长出，无法咀嚼食物。因此，所添加的辅食应为流质的米糊。米糊是宝宝辅食的基础。当宝宝稍大一些后，在他因感冒而嗓子发炎，或因肠炎而出现腹泻时，最好也给他喂食米糊。

因这一时期尚为宝宝对辅食的适应阶段，故不必急于加量，而应将重点放在如何让宝宝慢慢适应方面。

PART 1 中所列各种米糊的制作方法均以第 **48** 页的大米米糊制作为基础，请先行阅读。

大米米糊

只以大米为原料而制作的米糊。宝宝的第一餐辅食请从
大米米糊开始。

材料：

泡发大米14g，水200ml。

制作方法：

1. 将泡发大米加入适量水，放入料理机中磨细。

2. 将步骤1中的食材放入锅中，用打蛋器搅拌至无黏结，
   小火慢熬至锅开。为防止煳锅，需不停地搅拌。

🍳 自制米糊会缺乏铁，最好购买成品强化了铁的米粉。

米糊是将大米磨成粉后熬制而成的，必须充分煮熟。有时虽然看似煮熟了，但稍有不慎就会夹生，故请注意。

黍米米糊

黍米是一种蛋白质含量丰富的谷物。黍米米糊可以为
宝宝提供优质蛋白，是宝宝理想的健康辅食。

材料

泡发大米12g，泡发
黍米2g，水210ml。

制作方法

1. 将泡发的大米、黍米和水一起放入料理机中
   磨细。

2. 将步骤1中的食材放入锅中，用打蛋器搅拌
   至无黏结，小火慢熬至锅开。

糯米米糊

用糯米米糊来喂食，既可以避免宝宝饿肚子，又能补充营养。

材料

泡发大米10g，泡发
糯米4g，水210ml。

制作方法

1. 将泡发的大米、糯米和水一起放入料理机中
   磨细。
2. 将步骤1中的食材放入锅中，用打蛋器搅拌
   至无黏结，小火慢熬至锅开。

🍳 与添加蔬菜的米糊相比，用糯米等谷物制作
米糊时所加入的水量要更多一些，这样才不至于
太过黏稠。

胡萝卜米糊

当宝宝对用谷物熬制的米糊渐渐适应后，可以开始加入蔬菜汁。

材料

泡发大米14g，胡萝卜3g，水200ml。

制作方法

1. 将泡发的大米、水一起放入料理机中磨细。
2. 胡萝卜磨成泥。
3. 将步骤1和2中的食材放入锅中，用打蛋器搅拌至无黏结，小火慢熬至锅开。

米糊中加入蔬菜泥后，会有蔬菜特有的香气溢出。只需适量添加，便于宝宝辨别味道即可。也可以在其中掺入微量的配方奶粉或母乳。

西兰花米糊

西兰花富含铁，是有益于健康的食品中不可或缺的蔬菜，也是宝宝辅食中的主要食材。

材料

    泡发大米14g，西兰花4g，水200ml。

制作方法

1. 将泡发的大米、水一起放入料理机中磨细。

2. 捣碎西兰花。

3. 将步骤1和2中的食材放入锅中，用打蛋器搅拌至无黏结，小火慢熬至锅开。

南瓜米糊

以有益于健康的南瓜为原料制作的米糊。南瓜富含
纤维素，有助于宝宝消化、通便。

材料

泡发大米10g，南瓜
5g，水250ml。

制作方法

1. 将泡发的大米、水一起放入料理机中磨细。
2. 南瓜去皮、切碎。
3. 将步骤1和2中的食材放入锅中，用打蛋器
   搅拌至无黏结，小火慢熬至锅开。

地瓜米糊

地瓜和土豆中的淀粉成分可能会引发过敏反应。将每日的辅食食谱标注在日历表中，可以在宝宝出现过敏反应时，准确地找出症结所在。

材料

泡发大米10g，地瓜5g，水250ml。

制作方法

1. 将泡发的大米、水一起放入料理机中磨细。
2. 地瓜去皮、切碎。
3. 将步骤1和2中的食材放入锅中，用打蛋器搅拌至无黏结，小火慢熬至锅开。

哈密瓜米糊

哈密瓜中维生素A、维生素B、维生素C的含量较高，对预防便秘具有明显的效果。清新的果香不管是对准备食物的妈妈，还是对享用食物的宝宝来说，都是一种福利。

材料

泡发大米10g，哈密瓜7g，水180ml。

制作方法

1. 将泡发的大米、水一起放入料理机中磨细。
2. 哈密瓜去皮、去籽后切碎。
3. 将步骤1和2中的食材放入锅中，用打蛋器搅拌至无黏结，小火慢熬至锅开。

板栗米糊

加入米糊中的板栗要碾得非常细腻。作为一种助消化食品，尤其适用于胃肠不适的宝宝。

材料

泡发大米10g，板栗5g，水250ml。

制作方法

1. 将泡发的大米、适量水一起放入料理机中磨细。

2. 板栗去皮、碾碎。

3. 将步骤1和2中的食材放入锅中，用打蛋器搅拌至无黏结，小火慢熬至锅开。

糯粟米糊

糯粟中含有丰富的维生素A和铁元素，对腹泻的宝宝很有帮助。

材料

泡发大米10g，泡发糯粟4g，水200ml。

制作方法

1. 将泡发的大米、糯粟和水一起放入料理机中磨细。

2. 将步骤1中的食材放入锅中，用打蛋器搅拌至无黏结，小火慢熬至锅开。

橙子米糊

橙子中含有大量的维生素C、有机酸、氨基酸和矿物质等，有助于增强宝宝的免疫力。

材料

泡发大米14g，橙汁5ml，水200ml。

制作方法

1. 将泡发的大米、水一起放入料理机中磨细。
2. 橙子榨汁。
3. 将步骤1和2中的食材放入锅中，用打蛋器搅拌至无黏结，小火慢熬至锅开。

卷心·菜米糊

卷心菜可增强肠胃功能，在西方国家被称为"穷人的医生"。卷心菜米糊可使宝宝胃肠舒适。

材料

泡发大米14g，卷心菜4g，水200ml。

制作方法

1. 将泡发的大米、水一起放入料理机中磨细。
2. 卷心菜切碎。
3. 将步骤1和2中的食材放入锅中，用打蛋器搅拌至无黏结，小火慢熬至锅开。

如果卷心菜米糊很合宝宝的胃口，可以再尝试添加磨碎的西兰花和地瓜，可进一步提升营养和美味。

发芽糙米米糊

与完全去除米糠和胚芽的普通大米相比，糙米中钙的含量更为丰富。因此，它比普通白米更有益于身体健康，也可以用于宝宝辅食的制作。

材料

泡发大米10g，泡发的发芽糙米4g，水210ml。

制作方法

1. 将泡发的大米、发芽糙米和水一起放入料理机中磨细。
2. 将步骤1中的食材放入锅中，用打蛋器搅拌至无黏结，小火慢熬至锅开。

虽然糙米是一种不易消化的谷物，但长出芽体的发芽糙米很容易被消化。尽管如此，也应当定量使用。当只以谷物为原料制作米糊时，需要加入的水量要更多一些，以防止煳锅。

花菜米糊

花菜是非常适合用于宝宝初期辅食制作的一种蔬菜。
不仅含有丰富的维生素，而且比卷心菜含有更多的食
用纤维，尤其对宝宝便秘有很好的预防和缓解作用。

材料

泡发大米14g，花菜
4g，水200ml。

制作方法

1. 将泡发的大米和水一起放入料理机中磨细。
2. 花菜切碎。
3. 将步骤1和2中的食材放入锅中，用打蛋器搅拌
   至无黏结，小火慢熬至锅开。

🔲 花菜只可选用花骨朵部分。因小骨朵都簇拥在一起，故不便于清洗。可将其
放在水中浸泡5分钟后再用流水冲洗。

维生素菜米糊

正如其名，维生素菜（又名"塌菜""太古菜"，为白菜的一个变种。含有大量的膳食纤维、钙、铁、维生素C、维生素B_1、维生素B_2、胡萝卜素等）是一种富含维生素的特殊蔬菜。菜叶为漂亮的草绿色，可以吸引宝宝的注意力。

材料

泡发大米14g，维生素菜5g，水200ml。

制作方法

1. 将泡发的大米和水一起放入料理机中磨细。
2. 维生素菜切碎。
3. 将步骤1中的食材放入锅中，用打蛋器搅拌至无黏结，小火慢熬至锅开后放入步骤2中的食材再次煮开。

米糊中加入蔬菜后可以散发出蔬菜特有的香气。只需少量使用，便于宝宝辨别气味即可。也可以在宝宝辅食中添入少许母乳或配方奶粉。

苹果胡萝卜米糊

苹果的清甜可以促进宝宝的食欲；胡萝卜有
助于促进人体对苹果中维生素的吸收。

材料

泡发大米10g，苹果4g，
胡萝卜6g，水200ml。

制作方法

1. 将泡发的大米和水一起放入料理机中磨细。
2. 苹果、胡萝卜分别榨汁。
3. 将步骤1和2中的食材放入锅中，用打蛋器
   搅拌至无黏结，小火慢熬至锅开。

宝宝辅食中添加香蕉后，甜味变重，宝宝可能会拒绝食用。因此，必须按照建议量来添加香蕉。请注意：对于口味偏甜的宝宝来讲，妈妈们经常喂食香蕉容易给宝宝养成不良的饮食习惯。

糯粟香蕉米糊

香蕉是一种可提高人体免疫力的水果。与富含矿物质的糯粟一起制作米糊，可在提升口感的同时及时补充营养成分。

材料

泡发大米10g，泡发糯粟4g，香蕉（去皮后）6g，水200ml。

制作方法

1. 将泡发的大米、糯粟和水一起放入料理机中磨细。

2. 香蕉碾细。

3. 将步骤1中的食材放入锅中，用打蛋器搅拌至无黏结，小火慢熬至锅开后放入步骤2中的食材再次煮开。

地瓜高粱米糊

当宝宝拒绝吃辅食时，可以尝试喂食地瓜高粱米糊。
香甜的口味很容易为宝宝们所喜爱；易消化，可以
让宝宝的胃肠舒适。

材料

泡发大米10g，泡发
高粱4g，地瓜5g，
水250ml。

制作方法

1. 将泡发的大米、高粱和水一起放入料理机中
   磨细。
2. 地瓜去皮后磨细。
3. 将步骤1中的食材放入锅中，用打蛋器搅拌
   至无黏结，小火慢熬至锅开后放入步骤2中
   的食材再次煮开。

胡萝卜梨米糊

当宝宝感冒咳嗽时，可以喂食此米糊。但梨性寒，
不适合肠胃感冒或经常腹泻的宝宝食用。

材料

泡发大米10g，胡萝卜4g，梨4g，水180ml。

制作方法

1. 将泡发的大米和水一起放入料理机中磨细。

2. 胡萝卜、梨去皮后榨汁。

3. 将步骤1和2中的食材放入锅中，用打蛋器搅拌至
   无黏结，小火慢熬至锅开。

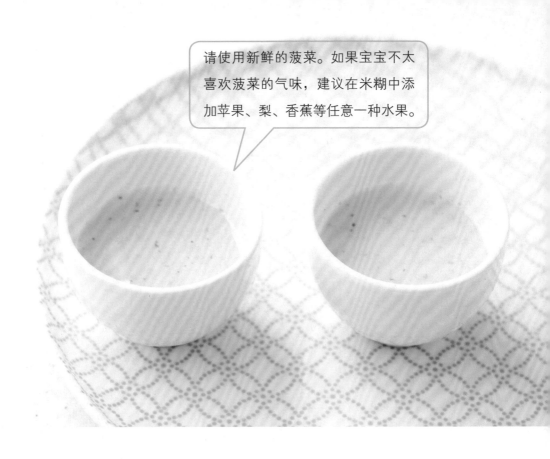

请使用新鲜的菠菜。如果宝宝不太喜欢菠菜的气味，建议在米糊中添加苹果、梨、香蕉等任意一种水果。

菠菜苹果米糊

菠菜和苹果都有助于大脑发育，也是宝宝辅食食谱中常见的配料。

材料

泡发大米10g，菠菜6g，苹果4g，水180ml。

制作方法

1. 将泡发的大米和水一起放入料理机中磨细。
2. 菠菜和苹果切碎。
3. 将步骤1和2中的食材放入锅中，用打蛋器搅拌至无黏结，小火慢熬至锅开。

PART 2

告别米糊
——中期辅食
（6~8个月）

　　新生儿在出生后6个月左右长出下牙。虽然多数宝宝的牙齿都是从下牙开始发育的，但也有个别宝宝会先长出上牙。长出牙齿就意味着可以咀嚼食物，宝宝的辅食也可以逐渐开始从米糊过渡到米粥。这时可以将泡发后的米粒磨成1/3大小，再与磨细后的其他食材一起熬制成米粥，给宝宝喂食。

　　这一阶段，宝宝们可以初次感受到食物的口感。不妨利用多样化的食材，帮助宝宝体验更加丰富的口感吧！

PART 2　　中所列各种米粥的制作方法均以第 **72** 页的西兰花牛肉粥制作为基础，请先行阅读。

西兰花牛肉粥

富含铁的西兰花与蛋白质含量丰富的牛肉均为兼具美味和营养的优选食材。

材料

泡发大米30g，牛肉10g，西兰花5g，洋葱5g，牛肉汤400ml。

制作方法

1. 将泡发的大米用料理机磨成1/3大小。

2. 牛肉放在水中浸泡15分钟左右，去血水后切成肉末。

3. 西兰花、洋葱切碎。

4. 将步骤1和2中的食材放入锅中炒至米粒透明时，加入牛肉汤。

5. 煮开后放入步骤3中的食材，改小火慢炖至米粒开花。

海虹蘑菇蔬菜粥

此粥中添加了性质温和的海虹与富含蛋白质的口蘑。夏季为海虹的产卵期，体内含有毒素，最好在冬季食用。

材料

泡发大米30g，海虹肉10g，口蘑5g，洋葱5g，胡萝卜5g，蔬菜汤400ml。

制作方法

1. 将泡发的大米用料理机磨成1/3大小。
2. 海虹肉去足丝后切碎。
3. 口蘑、洋葱、胡萝卜切碎。
4. 将步骤1中的食材放入锅中炒至米粒透明时，加入蔬菜汤。
5. 煮开后放入步骤2和3中的食材，改小火慢炖至米粒开花。

南瓜土豆蔬菜粥

宝宝生病时，建议喂食南瓜粥。软糯的南瓜，非常有助于宝宝消化。

材料

泡发大米30g，南瓜
10g，土豆4g，洋葱
5g，西兰花5g，鸡
汤420ml。

制作方法

1. 将泡发的大米用料理机磨成1/3大小。

2. 南瓜、土豆、洋葱去皮后切碎。

3. 口蘑、胡萝卜切碎。

4. 将步骤1中的食材放入锅中炒至米粒透明时，
   加入鸡汤。

5. 煮开后放入步骤2和3中的食材，改小火慢
   炖至米粒开花。

发芽糙米红枣粥

红枣可入药，并具有多种功效，不仅可以助消化、促进食欲、预防腹泻，内含的大量钙质还可以强壮宝宝的骨骼。

材料

泡发大米20g，泡发的发芽糙米10g，红枣14g，鸡汤420ml，牛奶10ml。

制作方法

1. 将泡发的大米和发芽糙米用料理机磨成1/3大小。
2. 红枣洗净、去籽后切成碎末。
3. 将步骤1中的食材放入锅中炒至米粒透明时，加入鸡汤。
4. 煮开后放入步骤2中的食材改小火慢炖至米粒开花。
5. 所有食材全部熟烂后，倒入牛奶即成。

豆腐海带粥

当富含植物蛋白的豆腐与富含多种矿物质和纤维素
的海带相遇，将会创造出营养与美味兼备的辅食。

材料

泡发大米30g，泡发的海带7g，土豆5g，豆腐5g，
牛肉汤400ml。

制作方法

1. 将泡发的大米用料理机磨成1/3大小。
2. 泡发海带切碎，土豆去皮、切末。
3. 豆腐碾碎。
4. 将步骤1中的食材放入锅中炒至米粒透明时，加
   入牛肉汤。
5. 煮开后放入步骤2和3中的食材，改小火慢炖至
   米粒开花。

莙荙菜米粥

莙荙菜是一种富含矿物质和维生素A的优质食材，不仅可以促消化，而且有利于宝宝的成长发育，非常适合制作宝宝辅食。

材料

泡发大米30g，莙荙菜5g，洋葱5g，土豆5g，鸡汤440ml。

制作方法

1. 将泡发的大米用料理机磨成1/3大小。
2. 莙荙菜切成碎末。
3. 洋葱、土豆切碎。
4. 将步骤1中的食材放入锅中炒至米粒透明时，加入鸡汤。
5. 煮开后放入步骤2和3中的食材，改小火慢炖至米粒开花。

蟹肉粥

当宝宝食欲不振，或拒绝吃辅食时，可以用松软、清淡的蟹肉来给宝宝开胃。在口中融化的质感中夹杂着蟹肉特有的甜味，一定会让宝宝爱上吃饭。

材料

泡发大米30g，蟹肉10g，胡萝卜5g，韭菜7g，蔬菜汤400ml。

制作方法

1. 将泡发的大米用料理机磨成1/3大小。

2. 蟹肉撕碎，胡萝卜和韭菜切成碎末。

3. 将步骤1中的食材放入锅中炒至米粒透明时，加入蔬菜汤小火慢炖。

4. 米粒开花后，放入步骤2中的食材并再次煮至食材熟烂。

牡蛎最好在其时令季节——冬季食用，其他季节可以选用冰冻产品。

牡蛎韭菜粥

牡蛎富含蛋白质、钙、维生素等营养成分，有"海
中牛奶"的美誉。如宝宝的体质偏弱，可用此粥来
为其补充蛋白质。

材料

泡发大米30g，牡蛎
10g，韭菜7g，洋葱
5g，蔬菜汤400ml。

制作方法

1. 将泡发的大米用料理机磨成1/3大小。
2. 牡蛎用淡盐水洗净后切碎。
3. 韭菜、洋葱切碎。
4. 将步骤1中的食材放入锅中炒至米粒透明时，
   加入蔬菜汤小火慢炖。
5. 米粒开花后放入步骤2和3中的食材，并再
   次加热至食材熟烂即可。

奶酪南瓜粥

奶酪比牛肉含有更多的钙和蛋白质。南瓜可以使宝
宝的身体暖和，尤其适合换季时食用。

材料

泡发大米30g，南瓜
10g，西兰花5g，口
蘑5g，宝宝奶酪5g，
牛奶10ml，蔬菜汤
430ml。

制作方法

1. 将泡发的大米用料理机磨成1/3大小。
2. 南瓜去皮，西兰花、口蘑和南瓜洗净，切碎。
3. 将步骤1中的食材放入锅中炒至米粒透明时，
   加入蔬菜汤。
4. 煮开后，依次放入切碎的南瓜、西兰花、口蘑。
5. 米粒开花以及所有食材熟烂后，放入牛奶和
   奶酪即成。

南瓜苏子粥

苏子富含不饱和脂肪酸，有助于大脑发育。但苏子
中的乳脂肪可导致腹泻，故需少量食用。

材料

泡发大米30g，苏子
5g，南瓜10g，洋葱
5g，菠菜5g，鸡汤
420ml。

制作方法

1. 将泡发的大米用料理机磨成1/3大小。
2. 苏子放在研钵中碾细。
3. 南瓜、洋葱、菠菜洗净，切碎。
4. 将步骤1中的食材放入锅中炒至米粒透明时，
   加入鸡汤。
5. 煮开后，依次放入切碎的南瓜、洋葱、菠菜。
6. 米粒开花以及所有食材熟烂后，放入苏子并再
   次开锅即可。

黄芪板栗粥

黄芪有助于恢复元气，入补药，是一味亦可食用的中药材。黄芪冲泡出的药水可以给宝宝服用，还可以代替大麦茶给爱出汗的宝宝服用。

材料

泡发大米30g，红枣2颗，板栗7g，胡萝卜5g，金针菇6g，黄芪20g，水700ml。

制作方法

1. 将泡发的大米用料理机磨成1/3大小。

2. 红枣洗净、去核、切末。

3. 板栗、胡萝卜、金针菇切碎。

4. 锅中加入700ml水，放入洗净的黄芪、枣核和少许枣肉，煮约20分钟。

5. 将步骤4中的食材倒入细孔滤勺中滤出汤料。

6. 将步骤1中的食材放入锅中炒至米粒透明时，加入滤出的黄芪红枣汤。

7. 煮开后放入步骤2和3中的食材，改小火慢炖至米粒开花。

对宝宝来说，枣皮过硬，必须切得非常碎。如果没有黄芪，可用红枣和清水熬制的汤料代替。

地瓜花菜粥

地瓜含有大量的纤维素，大人们常用来缓解便秘和减肥。
此粥适合给尚未适应添加辅食而导致便秘的宝宝食用。

材料

泡发大米20g，地瓜15g，花菜8g，葡萄干5g，蔬菜汤420ml。

制作方法

1. 将泡发的大米用料理机磨成1/3大小。
2. 地瓜、花菜洗净，切末。
3. 葡萄干在水中泡发后切碎。
4. 将步骤1中的食材放入锅中炒至米粒透明时，加入蔬菜汤。
5. 煮开后放入步骤2和3中的食材，小火慢炖至米粒开花。

葡萄干苹果糯粟粥

葡萄干富含铁，并含有果胶和鞣酸成分，可促进肠胃蠕动。添加助消化的糯粟和苹果后，非常适合肠胃不适的宝宝食用。

材料

泡发大米30g，泡发糯粟10g，葡萄干8g，苹果10g，蔬菜汤410ml。

制作方法

1. 将泡发的大米和糯粟用料理机磨成1/3大小。
2. 葡萄干在水中泡发后切碎。
3. 苹果去皮、切碎。
4. 将步骤1中的食材放入锅中炒至米粒透明时，加入蔬菜汤小火慢炖。
5. 米粒开花后放入步骤2和3中的食材，继续熬至食材熟烂。

红枣鸡肉粥

就像大人们在炎热的夏季会喝参鸡汤一样，宝宝们
也需要偶尔补一补身体。鸡胸肉含大量的蛋白质，
红枣富含铁。二者可用以宝宝制作滋补粥。

材料

泡发大米30g，鸡胸
肉10g，红枣5g，洋
葱5g，韭菜5g，鸡
汤410ml。

制作方法

1. 将泡发的大米用料理机磨成1/3大小。
2. 鸡肉洗净切末。
3. 红枣去核、切末。
4. 洋葱、韭菜切碎。
5. 将步骤1中的食材放入锅中炒至米粒透明时，
   加入鸡汤。
6. 煮开后放入步骤2、3、4中的食材，小火慢
   炖至米粒开花。

白菜心·牛肉粥

白菜富含维生素成分，可有效预防感冒。同时，含有大量的纤维素，可促进肠道蠕动，尤其适合便秘的宝宝食用。

材料

泡发大米30g，牛肉10g，白菜心10g，胡萝卜8g，牛肉汤420ml。

制作方法

1. 将泡发的大米用料理机磨成1/3大小。
2. 牛肉在水中浸泡15分钟后，去血水、切末。
3. 白菜心、胡萝卜切末。
4. 将步骤1和2中的食材放入锅中炒至米粒透明时，加入肉汤。
5. 煮开后放入步骤3中的食材，小火慢炖至米粒开花。

地瓜胡萝卜奶酪粥

地瓜的甘甜、奶酪的醇香，以及胡萝卜的清新，共同构成了有助于宝宝肠胃健康的优选食谱，同时兼具美味和营养。

材料

泡发大米30g，地瓜10g，胡萝卜7g，宝宝奶酪5g，蔬菜汤410ml。

制作方法

1. 将泡发的大米用料理机磨成1/3大小。
2. 地瓜、胡萝卜去皮，切碎。
3. 将步骤1中的食材放入锅中炒至米粒透明时，加入蔬菜汤。
4. 煮开后放入步骤2中的食材，小火慢炖至米粒开花。
5. 加入奶酪搅拌后再次煮开即成。

豌豆白肉鱼粥

在所有豆类食物中，豌豆中的蛋白质和食用纤维的含量最为丰富。清香的豌豆和清淡的白肉鱼可以为宝宝补充优质蛋白。

材料

泡发大米30g，豌豆5g，白肉鱼（鳕鱼或明太鱼）10g，胡萝卜8g，蛤蜊汤400ml。

制作方法

1. 将泡发的大米用料理机磨成1/3大小。
2. 豌豆焯熟后去皮、切碎。
3. 将白肉鱼的鱼刺全部剔除后剁碎。
4. 胡萝卜处理干净后切碎。
5. 将步骤1和2中的食材放入锅中炒至米粒透明时，加入蛤蜊汤。
6. 煮开后放入步骤3和4中的食材，小火慢炖至米粒开花。

豌豆必须去皮后使用。请注意：豌豆皮较坚韧，易堵塞宝宝食道，具有一定的危险性。

白菜心·鸡肉粥

白菜是冬季主要的维生素来源，富含维生素C，可有效预防感冒等症状。下面就让我们用白菜心和低脂的鸡胸肉为宝宝制作一道辅食吧！

材料

泡发大米30g，鸡胸肉10g，白菜心5g，胡萝卜5g，鸡汤410ml。

制作方法

1. 将泡发的大米用料理机磨成1/3大小。
2. 鸡肉焯水后撕成丝。
3. 白菜心、胡萝卜切末。
4. 将步骤1中的食材放入锅中炒至米粒透明时，加入鸡汤。
5. 煮开后放入步骤2和3中的食材，小火慢炖至米粒开花。

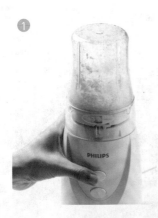

豆渣蔬菜粥

用大豆制作豆腐时滤出的豆渣中含有一些大豆中所
没有的营养物质。浓浓的豆香、松软的口感，是非
常适合制作宝宝辅食的食材。

材料

泡发大米30g，洋葱
5g，胡萝卜7g，土
豆5g，豆渣10g，牛
肉汤400ml。

制作方法

1. 将泡发的大米用料理机磨成1/3大小。

2. 洋葱、胡萝卜、土豆去皮，切碎。

3. 将步骤1中的食材放入锅中炒至米粒透明时，
   加入牛肉汤。

4. 煮开后放入步骤2中的食材和豆渣，小火慢
   炖至米粒开花。

白肉鱼塌菜粥

柔软的鱼肉中含有大量的蛋白质成分，且比其他肉
类更易于消化。黄花鱼、明太鱼、鳕鱼、智利鲈鱼
等多种白肉鱼都可灵活用于宝宝辅食的制作中。

材料

泡发大米30g，白肉
鱼（黄花鱼、明太
鱼、鳕鱼、智利鲈
鱼）10g，塌菜8g，
洋葱5g，胡萝卜7g，
蔬菜汤400ml。

制作方法

1. 将泡发的大米用料理机磨成1/3大小。

2. 白肉鱼去刺、切碎。

3. 塌菜、洋葱、胡萝卜切末。

4. 将步骤1中的食材放入锅中炒至米粒透明时，
   加入蔬菜汤。

5. 煮开后放入步骤3和3中的食材，小火慢炖
   至米粒开花。

牛肉野葵香菇粥

当宝宝拒绝吃辅食或全身无力时，建议喂食牛肉野葵
香菇粥。野葵有助于恢复元气，再加入牛肉或虾仁，
可谓是最佳补品。

材料

泡发大米30g，牛肉10g，
野葵10g，洋葱7g，香菇
7g，牛肉汤420ml。

制作方法

1. 将泡发的大米用料理机磨成1/3大小。

2. 牛肉在水中浸泡15分钟后，去血水、切末。

3. 野葵、洋葱、香菇切碎。

4. 将步骤1和2中的食材放入锅中炒至米粒透
   明时，加入牛肉汤。

5. 煮开后，放入步骤3中的食材，小火慢炖至
   米粒开花。

虾仁菠菜粥

富含铁的菠菜，搭配有助于成长发育的虾仁，
绝对是营养和口味上佳的辅食。

材料

泡发大米30g，虾仁10g，菠菜10g，洋葱5g，
蔬菜汤400ml。

制作方法

1. 将泡发的大米用料理机磨成1/3大小。
2. 虾仁去内脏后剁碎。
3. 菠菜、洋葱洗净，切末。
4. 将步骤1中的食材放入锅中炒至米粒透明时，
   加入蔬菜汤。
5. 煮开后放入步骤2和3中的食材，小火慢炖至
   米粒开花。

蔬菜蛤蜊肉粥

此粥融合了蛤蜊汤的清爽与蛤蜊肉的鲜美，再配以
多种蔬菜，可以给宝宝提供均衡的营养。

材料

泡发大米30g，蛤
蜊肉10g，洋葱7g，
西兰花7g，胡萝卜
5g，蛤蜊汤410ml。

制作方法

1. 将泡发的大米用料理机磨成1/3大小。
2. 蛤蜊肉去杂质，洗净后切碎。
3. 洋葱、西兰花、胡萝卜切末。
4. 将步骤1中的食材放入锅中炒至米粒透明时，
   加入蛤蜊汤。
5. 煮开后放入步骤2和3中的食材，小火慢炖
   至米粒开花。

香菇牛肉粥

牛肉与香菇是绝配，用二者制作而成的米粥可为宝
宝补充脂肪、蛋白质、膳食纤维等多种营养成分。

材料

泡发大米30g，牛肉
10g，香菇10g，洋
葱7g，韭菜6g，牛
肉汤410ml。

制作方法

1. 将泡发的大米用料理机磨成1/3大小。
2. 牛肉在水中浸泡15分钟后，去血水、切末。
3. 香菇、洋葱、韭菜切碎。
4. 将步骤1和2中的食材放入锅中炒至米粒透明时，加入牛肉汤。
5. 煮开后放入步骤3中的食材，小火慢炖至米粒开花。

海带鲍鱼粥

鲍鱼富含维生素和矿物质等，可以强健宝宝的身体。
当宝宝因感冒而浑身乏力时，此粥是良好的能量来源。

材料

泡发大米30g，鲍鱼10g，泡发海带10g，蔬菜汤
400ml。

制作方法

1. 将泡发的大米用料理机磨成1/3大小。

2. 鲍鱼去内脏和嘴巴后，洗净、切碎。

3. 将泡发好的海带切碎。

4. 将步骤1、2、3中的食材放入锅中，炒至米粒透明。

5. 加入蔬菜汤，小火慢炖至米粒开花。

葡萄干香蕉粥

此粥酸甜可口，是不可多得的美味。两种食材均富含膳食纤维，可在很大程度上促进宝宝消化。

材料

泡发大米25g，香蕉（去皮后）25g，葡萄干10g，母乳或奶粉10ml，清水380ml。

制作方法

1. 将泡发的大米用料理机磨成1/3大小。
2. 香蕉切成适当大小后碾碎。
3. 葡萄干泡发后切碎。
4. 将步骤1中的食材放入锅中炒至米粒透明时，加入清水。
5. 煮开后放入步骤2和3中的食材，小火慢炖至米粒开花。
6. 煮熟后盛出，放置40℃左右，加入母乳或奶粉。

茭白土豆粥

茭白非常利于消化，是宝宝辅食制作中常见的食材。茭白、土豆与蛤蜊汤一起煮粥，可以让粥既清淡又美味。

材料

泡发大米30g，茭白10g，洋葱7g，土豆7g，蛤蜊汤420ml。

制作方法

1. 将泡发的大米用料理机磨成1/3大小。
2. 茭白、洋葱、土豆切碎。
3. 将步骤1中的食材放入锅中炒至米粒透明时，加入蛤蜊汤。
4. 煮开后，放入步骤2中的食材，小火慢炖至米粒开花。

韭菜豆腐粥

韭菜可补充维生素，并帮助人体排出不利于健康的
钠成分。豆腐富含优质蛋白。二者结合，可谓满满
地都是营养。

材料

泡发大米30g，豆腐
10g，韭菜5g，洋葱
5g，蔬菜汤400ml。

制作方法

1. 将泡发的大米用料理机磨成1/3大小。
2. 豆腐碾碎。
3. 韭菜、洋葱切碎。
4. 将步骤1中的食材放入锅中炒至米粒透明时，
   加入蛤蜊汤。
5. 煮开后放入步骤2和3中的食材，小火慢炖
   至米粒开花。

西兰花蛋花粥

鸡蛋中含有各种营养素，不仅有益于宝宝的成长发育，而且可以强健宝宝的身体。

材料

泡发大米30g，蛋黄10g，西兰花7g，胡萝卜5g，牛肉汤420ml。

制作方法

1. 将泡发的大米用料理机磨成1/3大小。
2. 碗中打入蛋黄，并打散。
3. 西兰花、胡萝卜切碎。

4. 将步骤1中的食材放入锅中炒至米粒透明时，加入牛肉汤。
5. 煮开后放入步骤3中的食材，小火慢炖至米粒开花时撒入步骤2中的食材，再略煮一会儿即可。

苹果酸奶

用酸甜的苹果与原味酸奶一起制成。如果觉得
料理机用起来比较烦琐的话，可以用擦丝器将
苹果磨碎后与原味酸奶一起混合制成。

材料

苹果1/4个，原味酸
奶150ml。

制作方法

1. 苹果洗净、去皮后切小丁。

2. 将苹果与原味酸奶一起倒入料理机中搅碎。

也可以用同是甜味的香
蕉或煮熟的地瓜碾碎后
代替苹果使用。

西兰花土豆泥

将蒸熟的土豆碾碎，放入切碎的西兰花后制成土豆
泥，便是一道美味的点心。宝宝稍大一些后，可以
将其抹在面包上或炸成土豆丸食用。

材料

土豆1个，西兰花
1/6小朵，低聚糖
（寡糖）1大匙，牛
奶3大匙。

制作方法

1. 土豆蒸熟、去皮，用叉子捣碎。

2. 牛奶略微加热，西兰花在开水中焯熟后切碎。

3. 将土豆、西兰花、低聚糖、牛奶一起放入碗
   中混合拌匀。

🍳 土豆趁热碾碎，可以让土豆泥的口感更软糯。

嫩豆腐沙拉

嫩豆腐口感柔和，非常适合牙齿尚未完全发育的婴幼儿食用。再加入一些蔬菜，可以同时补充蛋白质和维生素等营养。

材料

芽苗菜1撮，西兰花1/8小朵，嫩豆腐1/4方，原味酸奶2大匙。

制作方法

1. 芽苗菜冷水洗净后控干水分。
2. 西兰花处理干净后焯熟、切碎。
3. 用汤匙将嫩豆腐盛放在小碗里，继续加入芽苗菜和西兰花末。
4. 在沙拉上洒上原味酸奶。

🍴 西兰花需要确保完全焯熟至可用手碾碎的程度，这样宝宝吃起来才没有负担。

❸

比较瘦长的地瓜常含有韧性较好的纤维，不适合消化能力较弱的宝宝食用。建议尽量选用趋向圆形的地瓜。

奶酪地瓜泥

甜甜的地瓜搭配醇香的奶酪，其完美程度绝对超乎你的想象。在口中慢慢融化的感觉瞬间便可将宝宝"降服"。

材料

地瓜（小）1个，胡萝卜1/6根，西兰花1/8小朵，宝宝奶酪1/2片，低聚糖1小匙，母乳或冲好的奶粉3大匙。

制作方法

1. 地瓜蒸熟、去皮后用叉子碾碎。
2. 胡萝卜、西兰花处理干净后完全焯熟。
3. 将焯熟的胡萝卜和西兰花切碎。
4. 奶酪切碎。
5. 将处理好的全部食材、低聚糖和母乳或冲好的奶粉一起放入碗中拌匀即可。

可以尝试更多
——后期辅食
(9~11个月)

  每个宝宝的生长和发育速度各不相同。但一般到9个月时，宝宝的上、下牙齿都会分别从2颗增加到4颗左右。随着对米粥摄入和食物咀嚼感的熟悉，现在的宝宝应该开始练习咀嚼和食用软米饭。

  软米饭是直接使用未经打磨的泡发米粒做成的。这种米饭要尽可能软糯一些，也就是尽量多地锁住一些水分。即使无法确保宝宝能用牙齿进行彻底地咀嚼，也要保证他可以用牙床或舌头一点点地抿着吃。

PART 3 中所列各种软米饭的制作方法，均以第114页的牛肉蔬菜烩饭的制作为基础，请先行阅读。

牛肉蔬菜烩饭

如果宝宝的活动量较大，建议在辅食中添加足够分量的肉类和蔬菜。牛肉中的蛋白质含量较高，搭配富含维生素的蔬菜，可以让宝宝的身体更强壮。

材料

泡发大米80g，牛肉15g，西兰花12g，胡萝卜6g，芝麻油3ml，蔬菜汤460ml。

制作方法

1. 牛肉放入水中浸泡15分钟后，去血水，切成肉末。

2. 西兰花、胡萝卜切碎。

3. 锅中抹一层芝麻油，放入牛肉和泡发后的大米，炒至米粒透明时，加入蔬菜汤。

4. 煮开后放入步骤2中的食材，小火慢炖成软米饭。

宝宝辅食制作中所使用的牛肉应选择口感较嫩的里脊肉。使用其他部位时，建议在菜板上铺一块干净的布料，将牛肉放在布料上。滴几滴果汁，并用空玻璃瓶进行捶打。这样可以破坏牛肉的筋络，让肉质变软。但捶打过猛会让牛肉的汁水流失而导致味道变差。因此，须掌握好捶打的力度。

牛肉菠菜烩饭

在所有蔬菜中，菠菜中维生素A的含量最高。同时，
菠菜还富含钙和铁元素，与蛋白质含量丰富的牛肉
搭配，可以让营养更均衡。

材料

泡发大米80g，牛肉
12g，菠菜7g，芝
麻油3ml，牛肉汤
450ml。

制作方法

1. 牛肉放入水中浸泡15分钟后，去血水、切
   成肉末。
2. 菠菜切碎。
3. 锅中放入芝麻油、牛肉和泡发大米，炒至米
   粒透明时，加入牛肉汤，转小火慢炖。
4. 米饭软糯后，加入菠菜，再略煮片刻即可。

海鲜蔬菜营养饭

对于挑食、不太爱吃饭的宝宝，建议用海鲜和蔬菜
为他制作一份高营养的辅食。虾及蛤蜊中的牛磺酸、
钙和蛋白质含量较高，适合为挑食的宝宝补充营养。

材料

泡发大米80g，虾
仁 14g， 蛤 蜊 肉
8g，胡萝卜10g，
韭菜10g，蔬菜汤
450ml。

制作方法

1. 虾仁去内脏后切碎，蛤蜊肉洗净、切碎。

2. 胡萝卜和韭菜切碎。

3. 锅中放入泡发大米，炒至米粒透明时，加入
   蔬菜汤。

4. 煮开后放入步骤1和2中的食材，小火慢炖
   成软米饭。

豆腐蔬菜酱烧饭

这款辅食适合给不喜欢吃肉的宝宝食用。豆腐可以代替牛肉，成为优质蛋白的来源。与蔬菜一起食用，还可以起到补充维生素的作用。

材料

泡发大米80g，豆腐12g，豆瓣酱4g，菠菜8g，鳀鱼汤480ml。

制作方法

1. 将豆腐碾碎。
2. 菠菜切碎。
3. 往鳀鱼汤中放入豆瓣酱并搅拌均匀。
4. 锅中放入泡发大米，炒至米粒透明时，加入3。
5. 煮开后放入步骤1和2中的食材，小火慢炖成软米饭。

鳕鱼蔬菜烩饭

如果认为自家宝宝的蛋白质补充不够充分，可以尝试添加白肉鱼。与其他肉类相比，鱼肉咀嚼起来不费劲，还可提供充足的蛋白质。

材料

泡发大米80g，鳕鱼肉15g，洋葱12g，茭白8g，蛤蜊汤450ml。

制作方法

1. 鳕鱼肉去刺后切碎。
2. 洋葱、茭白切碎。
3. 锅中放入泡发大米，炒至米粒透明时，加入蛤蜊汤。
4. 煮开后放入步骤1和2中的食材，小火慢炖成软米饭。

烤肉泡菜口蘑烩饭

辅食中加入烤肉和泡菜后，即使是平时只热衷于外卖餐食的宝宝也会非常乐于享用。最好从小让宝宝熟悉家中饭菜的味道。

材料

泡发大米80g，白菜泡菜10g，牛肉12g，口蘑8g，韭菜8g，蔬菜汤470ml。

*烤肉酱料

芝麻油3ml，洋葱汁5ml。

制作方法

1. 泡菜抖落内辅料后，洗净、切碎。
2. 牛肉在水中浸泡15分钟，去血水、切碎，然后拌入烤肉酱料腌制10分钟左右。
3. 口蘑、韭菜切碎。
4. 锅中放入步骤2中的食材和泡发大米，煸炒至米粒透明，加入蔬菜汤。
5. 煮开后放入步骤1和3中的食材，小火慢炖成软米饭。

嫩豆腐蔬菜烩饭

有些宝宝即使吃了一段时间辅食，也没有学会咀嚼
食物。这时，与其强迫宝宝咀嚼食物，倒不如改用
嫩豆腐等口感较柔软的食材。

材料

泡发大米80g，嫩豆
腐12g，胡萝卜12g，
洋葱10g，土豆8g，
牛肉汤450ml。

制作方法

1. 嫩豆腐碾碎。

2. 胡萝卜、洋葱、土豆切碎。

3. 锅中放入泡发大米，煸炒至米粒透明时，加
   入牛肉汤。

4. 煮开后放入步骤1和2中的食材，小火慢炖
   成软米饭。

油炸豆干奶酪烩饭

奶酪中的脂肪易消化，非常适合宝宝食用，而且其
醇香的味道也深受宝宝们的喜爱。在宝宝的辅食中
适量添加一些，还可以提高其营养价值。

材料

泡发大米80g，油
炸豆干10g，西兰
花14g，宝宝奶酪
8g，蔬菜汤450ml。

制作方法

1. 油炸豆干焯水、切碎，西兰花洗净、切碎。
2. 锅中放入泡发大米，煸炒至米粒透明时加
   入蔬菜汤。
3. 煮开后放入步骤1中的食材，小火慢炖成软
   米饭。
4. 加入奶酪拌匀即可。

鸡胸肉蔬菜烩饭

鸡胸肉富含蛋白质成分，西兰花中维生素C的含量高达柠檬的2倍。二者搭配可以丰富食物的营养。同时，鸡肉比其他肉类的质地相对柔软，更适合给宝宝喂食。

材料

泡发大米80g，鸡胸肉15g，洋葱9g，西兰花12g，蔬菜汤470ml。

制作方法

1. 鸡胸肉焯熟后撕成细丝。

2. 洋葱、西兰花切碎。

3. 锅中放入泡发大米，煸炒至米粒透明时，加入蔬菜汤。

4. 煮开后放入步骤1和2中的食材，小火慢炖成软米饭。

有机麦片蔬菜烩饭

这一软饭中均匀地含有矿物质、维生素等宝宝生长发育必需的营养成分。酥脆的麦片可以给宝宝带来奇妙的口感。

材料

泡发大米80g，有机麦片10g，西兰花10g，胡萝卜6g，蔬菜汤450ml。

制作方法

1. 麦片捣碎。
2. 胡萝卜、西兰花切碎。
3. 锅中放入泡发大米，煸炒至米粒透明时，加入蔬菜汤。
4. 煮开后放入步骤1和2中的食材，小火慢炖成软米饭。

智利鲈鱼西兰花烩饭

作为一种高蛋白鱼类，智利鲈鱼的质感细嫩，适合
用于宝宝辅食的制作。与西兰花搭配，可以在补充
维生素的同时，保证宝宝营养成分的均衡摄入。

材料

泡发大米80g，智
利鲈鱼12g，西兰
花12g，洋葱10g，
橄榄油3ml，蔬菜
汤450ml。

制作方法

1. 智利鲈鱼（只取鱼肉）处理干净后切碎。
2. 西兰花、洋葱切碎。
3. 锅中抹一层橄榄油，放入泡发大米，煸炒至米
   粒透明时，加入蔬菜汤。
4. 煮开后放入步骤1和2中的食材，小火慢炖成
   软米饭。

油炸豆干豆芽烩饭

这是一款适合宝宝在感冒时食用的辅食。富含蛋白质、钙、脂肪等营养物质的油炸豆干和维生素含量丰富的黄豆芽，可以帮助宝宝的身体早日康复。

材料

泡发大米80g，油炸豆干12g，黄豆芽10g，胡萝卜6g，土豆8g，蛤蜊汤470ml。

制作方法

1. 油炸豆干用开水焯熟后切碎。
2. 黄豆芽去除头、尾后，切成1cm长短。
3. 胡萝卜、土豆切碎。
4. 锅中放入泡发大米，煸炒至米粒透明时，加入蛤蜊汤。
5. 煮开后放入步骤1、2、3中的食材，小火慢炖成软米饭。

玉米奶酪烩饭

　　玉米为夏季的应季蔬菜，可以与奶酪和土豆很好地搭配在一起。此饭膳食纤维丰富，有助于预防治宝宝便秘，特别适合在炎热的夏季给宝宝喂食。

材料

泡发大米70g，玉米粒（罐装）15g，胡萝卜5g，宝宝奶酪8g，蔬菜汤470ml。

制作方法

1. 玉米粒略微焯水后切碎。
2. 胡萝卜处理干净后切碎。
3. 锅中放入泡发大米，煸炒至米粒透明时，加入蔬菜汤。
4. 煮开后放入步骤1和2中的食材，小火慢炖成软米饭。
5. 拌入奶酪即可。

紫甘蓝花菜烩饭

花菜比其他蔬菜中的铁含量更为丰富，因含有大量的维生素，且形状酷似花朵，故又被称为"维生素之花"。多种营养成分和功效让它成为宝宝辅食的常用食材。

材料

泡发大米80g，紫甘蓝8g，花菜15g，蛤蜊汤470ml。

制作方法

1. 紫甘蓝、花菜洗净，切碎。
2. 锅中放入泡发大米，煸炒至米粒透明时，加入蛤蜊汤。
3. 煮开后放入步骤1中的食材，小火慢炖成软米饭。

苏子昆布烩饭

作为一种海产品，昆布富含帮助人体排钠元素的钙元素，还有预防便秘的膳食纤维。在辅食中添加这一食材，可以促进宝宝的骨骼和牙齿的发育。

材料

泡发大米80g，苏子5g，泡发昆布7g，洋葱8g，土豆8g，鳀鱼昆布汤480ml。

制作方法

1. 苏子捣碎。
2. 泡发昆布、洋葱、土豆切碎。
3. 锅中放入泡发大米，煸炒至米粒透明后，加入鳀鱼昆布汤。
4. 煮开后放入步骤1和2中的食材，小火慢炖成软米饭。

昆布应选择又干又厚，且颜色黝黑的。可以切成便于使用的大小后放在密封容器内，置于阴凉处保存。

苹果菜豆营养烩饭

菜豆富含蛋白质，还含有大量对贫血有益的维生素
B_6。此外，必需氨基酸的含量也比较高，正适合给
成长发育阶段的宝宝食用。

材料

泡发大米75g，泡
发的菜豆10g，苹
果12g，胡萝卜7g，
蔬菜汤500ml。

制作方法

1. 将泡发后的菜豆和苹果去皮、切碎。

2. 胡萝卜处理干净后切碎。

3. 锅中放入泡发大米，煸炒至米粒透明时，加入
   蔬菜汤。

4. 煮开后放入步骤1和2中的食材，小火慢炖成软
   米饭。

红枣糯米饭

红枣中含有大量的钙元素和铁元素，也是各种补品中的必备原料。它与糯米特别搭配，可以添加到宝宝的辅食当中。

材料

泡发大米60g，红枣15g，泡发糯米20g，煮熟的红豆12g，清水470ml。

制作方法

1. 锅中加入适量水，放入红枣，小火煮制30分钟，熬成红枣水。
2. 将步骤1中的食材倒入滤勺中滤出汤汁。
3. 锅中放入泡发大米、糯米和煮熟的红豆，倒入步骤2中的食材滤出的汤汁，小火慢炖成软米饭。

糯米需要泡发30分钟左右。

红枣板栗营养饭

板栗中含有碳水化合物、蛋白质、维生素和钙元素、铁元素等，同时，维生素B_1的含量比大米高出4倍，非常有助于宝宝的成长。

材料

泡发大米80g，红枣10g，板栗10g，清水470ml。

制作方法

1. 锅中加入适量水，放入红枣。小火煮制10分钟后倒入滤勺中，滤出汤汁。
2. 板栗处理后切成丝。
3. 锅中放入泡发大米，炒至米粒透明时倒入步骤1中的食材。
4. 煮开后放入步骤2中的食材，小火慢炖成软米饭。

地瓜奶酪烩饭

地瓜是一种B族维生素、矿物质、胡萝卜素等含量丰
富的食品，具有很高的营养价值，适合体质较弱的
宝宝食用。

材料

泡发大米70g，地
瓜12g，宝宝奶酪
5g，牛奶10ml，
清水440ml。

制作方法

1. 地瓜去皮、切碎。

2. 锅中放入泡发大米，炒至米粒透明时倒入适
   量清水。

3. 煮开后放入步骤1中的食材，小火慢炖成软
   米饭。

4. 米饭煮至较为软糯时，加入牛奶和奶酪拌
   匀，继续煮制片刻。

平菇鲍鱼烩饭

宝宝们有时会没有食欲，不想吃东西。这时，带有淡淡的清香和口感细腻的平菇可以帮助其激发食欲。与鲍鱼搭配使用，效果会更好。

材料

泡发大米80g，鲍鱼12g，平菇10g，韭菜8g，芝麻油5ml，清水450ml。

制作方法

1. 鲍鱼去壳、去内脏，将鲍鱼肉切碎。
2. 平菇、韭菜切碎。
3. 锅中抹一层芝麻油，放入鲍鱼肉和泡发的大米，炒至米粒透明时，倒入适量清水。
4. 煮开后放入平菇，小火慢炖。
5. 米饭煮软后，加入韭菜，继续煮制片刻。

花菜鸡蛋虾仁烩饭

虾仁对于不太长个儿的宝宝来说是很好的补养食物。
虾中富含的钙元素和牛磺酸，非常有助于宝宝的发
育。但要注意：使用虾仁时，务必清除其内脏组织。

材料

泡发大米70g，虾仁
8g，花菜10g，胡
萝卜8g，鸡蛋20g，
橄榄油3ml，蔬菜汤
470ml。

制作方法

1. 虾仁、花菜、胡萝卜处理干净后切碎。
2. 鸡蛋去除卵黄系带后打散，在涂抹橄榄油的平底
   锅中炒成蛋碎。
3. 锅中放入泡发的大米，炒至米粒透明时，倒入蔬菜汤。
4. 煮开后，放入步骤1中的食材，转小火慢炖。
5. 米饭煮软后，盛入碗中，并将步骤2中的食材盖在
   米饭上。

鳀鱼蔬菜粳粟饭

鳀鱼是一种富含钙元素的海产品。有助于钙质吸收的维生素D存在于鳀鱼的皮肤组织内，但需经晒制后方可生成。好的辅食固然有利于宝宝的成长，但也需要带着宝宝多出去散散步。适当晒晒太阳也有助于体内维生素D的合成。

材料

泡发大米80g，泡发粳粟8g，洋葱8g，胡萝卜8g，小鳀鱼（海蜒）6g，鳀鱼昆布汤460ml。

制作方法

1. 洋葱、胡萝卜切碎，鳀鱼洗净、切碎。
2. 锅中放入泡发的大米和粳粟，炒至米粒透明时，倒入鳀鱼昆布汤，小火慢炖。
3. 煮开后放入步骤1中的食材，小火慢炖成软米饭。

蘑菇烤肉烩饭

此款辅食中加入了有助于提高宝宝免疫力的各种蘑菇。很多宝宝可能一开始不太习惯蘑菇的味道，只要经常尝试在辅食中少添加一些蘑菇让宝宝品尝，宝宝就会慢慢接受并喜欢上它。

材料

泡发大米80g，牛肉15g，平菇5g，杏鲍菇5g，香菇5g，洋葱8g，牛肉汤450ml。

＊烤肉酱料

梅子汁3ml，芝麻油3ml。

制作方法

1. 牛肉放在水中浸泡15分钟后，去血水、切末。拌入烤肉酱料腌制10分钟左右。
2. 各种蘑菇、洋葱切碎。
3. 锅中放入步骤1中的食材和泡发的大米，炒至米粒透明时，倒入牛肉汤。
4. 煮开后放入步骤2中的食材，小火慢炖成软米饭。

黄花鱼土豆烩饭

黄花鱼可促进人体机能的恢复。同时，因高蛋白、低脂肪、易消化的特性，常用在宝宝辅食的制作中。

材料

泡发大米80g，黄花鱼20g，胡萝卜8g，洋葱8g，土豆12g，蛤蜊汤450ml。

注意：须将黄花鱼的鱼刺剔除干净。

制作方法

1. 黄花鱼放在干燥的平底锅中烤熟后，保留鱼肉部分。
2. 胡萝卜、洋葱、土豆切碎。
3. 锅中放入泡发大米，炒至米粒透明时，倒入蛤蜊汤，小火慢炖。
4. 煮开后，放入步骤2中的食材。
5. 米饭煮软后，盛入碗中，并将步骤1中的食材盖在米饭上。

金针菇板栗苹果烩饭

金针菇被誉为"增智菇"，有助于宝宝的大脑发育，
而且膳食纤维含量丰富，对预防便秘很有帮助。加入
辅食中，既营养又美味。

材料

泡发大米80g，板栗
10g，苹果8g，洋葱
8g，金针菇10g，蔬
菜汤460ml。

制作方法

1. 板栗、苹果、洋葱去皮，切碎。

2. 金针菇去杂质、洗净、切碎。

3. 锅中放入泡发大米，炒至米粒透明时，倒
   入蔬菜汤。

4. 煮开后放入步骤1中的食材，小火慢炖。

5. 米饭煮至较为软糯时，放入步骤2中的食
   材，继续煮制片刻。

南瓜芝麻烩饭

在辅食添加过程中，有的宝宝不吃而直接吐出来。
这时，可以尝试喂食南瓜芝麻烩饭。南瓜的甜糯和
芝麻的香味，可以帮助宝宝更好地适应辅食的添加。

材料

泡发大米70g，南瓜
15g，芝麻3g，清水
460ml。

制作方法

1. 南瓜去皮、切碎。
2. 芝麻放在干燥的平底锅中焙熟，放入研钵中
   捣碎。
3. 锅中放入泡发大米，炒至米粒透明时，倒入
   适量清水。
4. 煮开后放入步骤1中的食材，小火慢炖。
5. 米饭煮至较为软糯时，盛入碗中，将步骤2
   中的食材撒在米饭上。

三色蔬菜烩饭

这一辅食中添加了红、白、黄三种颜色的蔬菜与焙好的芝麻。芝麻能够更好地促进钙的吸收，经常加在宝宝辅食中，可以更好地促进宝宝的成长发育。

材料

泡发大米80g，南瓜10g，洋葱8g，菠菜8g，胡萝卜7g，芝麻3g，蔬菜汤460ml。

制作方法

1. 南瓜、洋葱去皮，切碎。
2. 菠菜、胡萝卜去根后，洗净、切碎。
3. 芝麻放在干燥的平底锅中焙熟，放入研钵中捣碎。
4. 锅中放入泡发大米，炒至米粒透明，倒入蔬菜汤。
5. 煮开后，放入南瓜、洋葱和胡萝卜，小火慢炖。
6. 米饭煮至较为软糯时，放入菠菜和芝麻，继续煮制片刻。

海带土豆烩饭

海带除了煮汤外，还可以直接添加在软米饭中。海带不仅可以解毒，而且有助于将钠排出体外。

材料

泡发大米80g，泡发海带15g，土豆8g，胡萝卜6g，芝麻油4ml，牛肉汤450ml。

制作方法

1. 泡发海带切碎。

2. 土豆、洋葱、胡萝卜处理干净后切碎。

3. 锅中抹一层芝麻油，放入海带、泡发大米，炒至米粒透明时，倒入牛肉汤。

4. 煮开后放入步骤2中的食材，小火慢炖成软米饭。

海鲜蔬菜烩饭

除了肉类和蔬菜，我们也可以在宝宝辅食中灵活使
用各种海产品，给予宝宝体验不同的味觉感受。这
道辅食中添加了高蛋白的鱿鱼和虾仁。

材料

泡发大米80g，鱿鱼
8g，虾仁10g，洋葱
8g，西兰花8g，蔬
菜汤450ml。

制作方法

1. 鱿鱼去皮、切碎，虾仁去内脏、切碎。
2. 洋葱、西兰花洗净切碎。
3. 锅中放入泡发大米，炒至米粒透明时，倒入
   蔬菜汤。
4. 煮开后放入步骤1和2中的食材，小火慢炖
   成软米饭。

蛋松羹

在温热的汤羹中加入松软的蛋松，这一美味足以引起那些挑食的宝宝的好奇心，激发他们的食欲。

材料

洋葱1/4个，鸡蛋1个，橄榄油1/2大匙，无盐黄油1/2大匙，冲好的奶粉或母乳1杯，面粉1大匙，盐少许。

制作方法

1. 洋葱处理好后切碎。

2. 鸡蛋充分煮熟后，将蛋黄和蛋清分离，将蛋黄放在滤勺中碾碎并筛成鸡蛋松。

3. 平底锅烧热，放入橄榄油和洋葱碎炒熟，防止炒焦。

4. 在步骤3中的食材中放入无盐黄油，边搅拌边炒至黄油融化。

5. 放入冲好的奶粉或母乳，并加入面粉，不停地搅拌，防止粘锅，关火前加入少许盐调味。

6. 将汤羹盛入碗中，撒上鸡蛋松即成。

如果担心市场上销售的豆沙馅过甜，又觉得直接动手制作太麻烦的话，可以将地瓜蒸熟、碾碎后用作豆包的馅料。

牛奶豆包 点心

让我们尝试用全麦面粉和冲好的奶粉或母乳，为宝宝制作营养可口的豆包吧！

材料（2个豆包的分量）

全麦面粉1杯，发酵粉1小匙，盐1/3小匙，冲好的奶粉或母乳1/2杯，鸡蛋1个，豆沙馅1/2杯。

*豆沙馅料（100g）

红豆500g，低聚糖30g。

制作方法

1. 面粉、发酵粉、盐混合后，过筛。

2. 放入冲好的奶粉或母乳、鸡蛋，轻轻地揉成面团。

3. 将面团放在保鲜袋中，或用保鲜膜包裹后，室温下醒发1小时左右。

4. 手上蘸油，将面团一分为二；将每个小面团捏成扁平的圆饼，放入豆沙馅后收口、团成圆形。

5. 蒸锅烧热后，铺上笼屉布，放入做好的豆包，蒸制20分钟即可。

豆沙馅的制作方法

1. 红豆洗净，在水中泡发2小时以上。

2. 锅中加入足量的水，将泡发的红豆焯一遍水后，将水倒掉。

3. 重新加水，将红豆充分煮烂。

4. 将煮烂的红豆放在滤勺中均匀地碾碎、过筛。

5. 在步骤4中的食材中加入低聚糖拌匀即可。

PART 4

多样食物
让宝宝更强壮
——终了期辅食
（12~15个月）

　　进入这一时期，就可以给宝宝喂食米饭了。这时的米饭仍要稍微保留一点儿水分，软硬程度介于软米饭和成人所吃的普通米饭之间。这一时期是宝宝辅食添加的结束期，应努力让宝宝慢慢熟悉对米饭的咀嚼，从而逐步过渡为常规饮食。

　　这一阶段，随着宝宝对周边事物的兴趣逐渐浓厚，可能会慢慢减少对食物的注意力。因此，要注意喂食有规律，并务必让宝宝在餐桌前就餐。

　　宝宝偏食的习惯也可能会在这一时期加重。除米饭以外，焗饭等一些质地较为柔软的食物也可以适当尝试。少量地、慢慢地丰富宝宝的饮食菜单。

PART 4　中所列各种米饭的制作方法，均以第152页的西兰花土豆奶酪饭的制作为基础，请先行阅读。

西兰花土豆奶酪饭

土豆和奶酪搭配，可进一步提升食物的营养和口感。
这些食材的完美组合，可以成就更健康的宝宝辅食。

材料

泡发大米100g，西兰花20g，土豆30g，宝宝奶酪
5g，蔬菜汤500ml。

制作方法

1. 西兰花、土豆处理干净后切碎。
2. 锅中放入泡发大米，煸炒至米粒透明时，加入蔬
   菜汤。
3. 煮开后放入步骤1中的食材，转小火慢炖。
4. 制成米饭后，加入奶酪拌匀。

南瓜通心面烧饭

在辅食中加入通心面，可以让宝宝感受到新鲜的味道和口感。多样化的饮食，有助于预防宝宝偏食。

材料

泡发大米120g，南瓜30g，西兰花15g，通心面15g，牛奶35ml，盐少许，清水600ml。

制作方法

1. 南瓜去皮、切碎。
2. 西兰花切碎。
3. 锅中放入泡发大米，煸炒至米粒透明时，加入清水。
4. 煮开后放入步骤1和2中的食材，转小火慢炖。
5. 制成米饭后，加入牛奶，继续略煮片刻后加入少许盐调味。

韭菜虾仁酱烧饭

这款辅食中添加了"天生良配"——韭菜和豆瓣酱，以及营养丰富的虾仁。
蔬菜、海鲜和发酵食品的组合，可以均衡地给宝宝补充各种营养。

材料

泡发大米140g，虾仁20g，洋葱10g，韭菜10g，豆瓣酱5g，蛤蜊汤500ml。

制作方法

1. 虾仁去内脏、切碎。
2. 洋葱、韭菜洗净切碎。
3. 利用细孔滤勺将豆瓣酱碾细、过筛后融化在蛤蜊汤中，防止豆瓣酱结块。
4. 锅中放入步骤1中的食材和泡发的大米，煸炒至米粒透明时，加入步骤3中的食材。
5. 煮开后放入洋葱，转小火慢炖。
6. 制成米饭后，加入韭菜搅拌、煮熟。

茭白虾仁烧饭

茭瓜不仅含有丰富的维生素、锌、锰等营养成分，且价格低廉，是一种常见的宝宝辅食材料。夏季食用最为适宜。

材料

泡发大米150g，茭白20g，油菜10g，虾仁15g，芝麻油5ml，蛤蜊汤500ml。

制作方法

1. 茭白、油菜洗净，切碎。
2. 虾仁去内脏、切碎。
3. 锅中抹一层芝麻油后放入虾仁和泡发的大米，煸炒至米粒透明时，加入蛤蜊汤。
4. 煮开后放入步骤1中的食材小火慢炖成米饭。

烤肉盖饭

烤肉可谓是不分男女老少，人人皆爱的美食。更换
为不带刺激性的酱料后盖在米饭上，就可以成为一
款出色的终了期辅食，很合宝宝的胃口呦。

材料

泡发大米130g，牛
肉60g，洋葱40g，
胡萝卜20g，茼蒿
10g，清水480ml。

*烤肉酱料

酱油10ml，柚子茶
10ml，芝麻油5ml，
料酒15ml。

制作方法

1. 泡发大米中加入适量水，小火慢炖成米饭。

2. 牛肉在水中浸泡15分钟，去血水后切成1cm长
   的细条，拌入烤肉酱料腌制20分钟。

3. 洋葱、胡萝卜切成1cm长的细丝，摘下浅色的
   茼蒿叶子备用。

4. 锅中放入步骤2中的食材略炒片刻后，依次放
   入胡萝卜、洋葱、茼蒿叶炒软。最后将其放在
   步骤1中的米饭上，制成盖饭。

苏子莲藕烧饭

很多妈妈会在宝宝便稀或腹泻时，因不知该准备什么样的食物而苦恼不已。不妨选择富含鞣酸的莲藕，有一定的涩肠止泻作用。此外，宝宝腹泻时还需暂时规避那些不易消化的食物。

材料

泡发大米150g，莲藕35g，塌菜10g，苏子20g，豆瓣酱6g，鳀鱼昆布汤500ml。

制作方法

1. 莲藕和塌菜处理干净后切碎。

2. 苏子在研钵中捣碎。

3. 利用细孔滤勺将豆瓣酱碾细、过筛后融化在鳀鱼昆布汤内，防止结块。

4. 锅中放入泡发的大米，炒至米粒透明时，倒入步骤3中的食材。

5. 煮开后放入步骤1和2中的食材，小火慢炖成米饭。

香蕉焗面

天天吃米饭可能会让宝宝感到腻烦，这时，不妨尝试为他制作焗饭。下面就向大家推荐一款甜糯松香的宝宝美食——香蕉焗面。

材料

香蕉（去皮）150g，通心面35g，宝宝奶酪1片，牛奶30ml，盐少许。

制作方法

1. 通心面在开水中煮熟后控干水分。
2. 香蕉和奶酪分别切成1cm见方的方丁。
3. 通心面、香蕉、牛奶和盐一起放入碗中拌匀。
4. 烤箱预热，将步骤3中的食材放在烤箱专用烤盘中，淋上奶酪，在170℃高温下烘烤至奶酪融化（约5分钟）。

香蕉皮上长出黑点时，表示已熟透，此时味道最好，也是能够提高免疫力的营养物质含量最多的时候。因此，买回后待其完全熟透时再食用为佳。

卷心菜土豆烧饭

宝宝抵抗力较差，最容易患肠胃疾病。卷心菜中的维生素U可以帮助治疗肠胃疾病。不过，在制作宝宝辅食时，应选用其菜叶部分，避免使用质地坚硬的茎部。

材料

泡发大米150g，土豆10g，卷心菜25g，宝宝奶酪5g，蔬菜汤500ml。

制作方法

1. 土豆、卷心菜洗净，切碎。

2. 锅中放入泡发的大米，炒至米粒透明时，加入蔬菜汤。

3. 煮开后放入步骤1中的食材，小火慢炖。

4. 出锅前，加入奶酪拌匀。

鱿鱼蔬菜烧饭

鱿鱼是一种比较有嚼劲的食材，非常适合用来给宝宝做食物的咀嚼练习。与蔬菜一起食用，可以增加食物的风味。

材料

泡发大米 140g，鱿鱼 20g，青甜椒 10g，洋葱 10g，胡萝卜 10g，蛤蜊汤 500ml。

制作方法

1. 鱿鱼去皮，用开水焯熟后切碎。
2. 青椒去籽。
3. 将青椒、洋葱、胡萝卜切碎。
4. 锅中放入泡发的大米，炒至米粒透明时，加入蛤蜊汤。
5. 煮开后放入步骤3中的食材，小火慢炖。
6. 出锅前，放入步骤1中的食材，再略煮片刻。

梅子腌菜盖饭

梅子尤其适合在腹泻或消化不良时食用。大人们在
肚子不舒服时，也可以经常服用梅子茶。梅子腌菜
口味微酸，有助于刺激宝宝的食欲。

材料

泡发大米150g，梅子腌菜40g，芝麻油5ml，清水
500ml。

制作方法

1. 泡发大米中加入适量水，小火慢炖成米饭。

2. 梅子腌菜切碎，倒入芝麻油拌匀。

3. 将米饭盛在碗中，加入步骤2中的食材，制成盖饭。

梅子腌菜是用盐腌制而成的，含盐量较高。因此，
在给宝宝制作辅食时，最好先将其浸泡在水中，去除盐
分后使用。

鸡肉塌菜酱烧饭

低脂肪、高蛋白的鸡肉与塌菜和豆瓣酱一起搭配，可以制作出营养丰富的美食。塌菜不仅富含多种维生素，而且含有大量的钙、铁等成分。

材料

泡发大米130g，鸡胸肉25g，洋葱10g，塌菜10g，豆瓣酱6g，鸡汤450ml。

制作方法

1. 鸡胸肉分大块焯熟，控干后撕成丝。
2. 洋葱、塌菜切碎。
3. 用细孔滤勺将豆瓣酱碾细、过筛，使其融化在鸡汤中。
4. 锅中放入泡发的大米，炒至米粒透明时，加入步骤3中的食材。
5. 煮开后，放入洋葱和塌菜，小火慢炖。
6. 出锅前放入步骤1中的食材，搅拌均匀即可。

豆瓣酱表面的白色物质并非有害物质，而是有氧环境中分解出的微生物。这种微生物一般会在打开酱缸盖并接受阳光照射后自然死亡。但如果腌制期间酱缸没有开封，便会在豆酱的表面停留。这种微生物是泡菜或酱料等发酵食品中的必备物质，不会对人体造成危害。

①

西兰花香蕉烧饭

很多宝宝都会因对蔬菜的抵触情绪而拒绝吃饭。这
时，建议尝试将蔬菜和香蕉等甜味的水果一起混合
后给宝宝食用。

材料

泡发大米120g，香
蕉（去皮）20g，西
兰花20g，胡萝卜
10g，橄榄油5ml，
牛奶20ml，芝麻
5g，盐少许，清水
450ml。

制作方法

1. 香蕉碾碎，胡萝卜、西兰花洗净后切碎。

2. 锅中抹一层橄榄油，放入泡发的大米略加煸
   炒后放入清水。

3. 煮开后放入步骤1中的食材，继续略煮片刻。

4. 米饭煮到一定程度时，加入牛奶，煮成米饭
   后再放入盐和芝麻略煮一会儿即可。

黑芝麻牛肉烧饭

黑芝麻富含钙，可以强健肾脏。同时，必需氨基酸
的含量也很高，对宝宝头发健康大有裨益，非常适
合给宝宝食用。

材料

泡发大米140g，黑
芝麻4g，牛肉20g，
洋葱 20g， 塌 菜
10g，胡萝卜10g，
芝麻油5ml，牛肉汤
500ml。

制作方法

1. 黑芝麻放在干燥的平底锅中焙熟后，放入研
   钵中捣碎。

2. 牛肉放在水中浸泡15分钟，去血水后切碎。
   洋葱、塌菜、胡萝卜切碎。

3. 锅中抹一层芝麻油，放入牛肉和泡发的大
   米，炒至米粒透明时，加入牛肉汤。

4. 煮开后，放入黑芝麻、洋葱、塌菜、胡萝
   卜，小火慢煮制成米饭。

蛤仔萝卜烧饭

用含铁丰富的菲律宾蛤仔制作烧饭，清爽的蛤蜊汤与鲜香的蛤仔肉，再加上胡萝卜和韭菜鲜艳的色彩，一定会让宝宝的口水忍不住流出来。

材料

泡发大米140g，菲律宾蛤仔1½杯，白萝卜20g，胡萝卜10g，韭菜5g，芝麻油5ml，蛤蜊汤500ml。

制作方法

1. 菲律宾蛤仔解毒后，开水焯熟，将蛤仔肉剥出、切碎。

2. 白萝卜切成1cm长的细丝。

3. 胡萝卜、韭菜切碎。

4. 锅中抹一层芝麻油，放入白萝卜煸炒出水后，放入泡发的大米和蛤蜊汤。

5. 煮开后放入步骤3中的食材，小火慢炖。

6. 出锅前放入步骤1中的食材拌匀，略煮即成。

红豆板栗烧饭

红豆含有大量的膳食纤维，可以有效缓解便秘，也适合怕冷、有感冒征兆的宝宝食用。板栗助消化，适合与其他食材搭配。

材料

泡发大米130g，煮熟的红豆20g，熟板栗30g，清水500ml。

制作方法

1. 将煮熟的板栗去皮、压碎。
2. 用滤勺将煮熟的红豆去皮、压碎。
3. 锅中放入泡发的大米，炒至米粒透明时加入清水。
4. 煮开后放入步骤1和2中的食材，小火慢煮制成米饭。

156

黄芪地瓜烧饭

如果每次喂食时，宝宝都会闹情绪，那可能是因为
宝宝体内缺钙或气虚。用黄芪和地瓜一同烧饭，既
能补气，又可开胃。

材料

泡发大米150g，黄
芪5g， 地 瓜 20g，
西 兰 花 10g， 清 水
550ml。

制作方法

1. 锅中放入清水和黄芪，小火煮制20分钟后，用滤
   勺除渣。

2. 地瓜、西兰花洗净，切碎。

3. 锅中放入泡发的大米，炒至米粒透明时，加入步
   骤1中的食材。

4. 煮开后放入步骤2中的食材，小火慢煮制成米饭。

地瓜的质地较软，可以切成1cm见方的小丁后
使用。

黑豆甜菜烧饭

黑豆中的花青素具有很强的抗氧化作用，甜菜则有
助于红细胞的生成，一同煮饭也非常适合宝宝吃。

材料

泡发大米130g，黑
豆8g，板栗15g，南
瓜30g，甜菜10g，
蔬菜汤520ml。

制作方法

1. 南瓜和板栗去皮、切碎，甜菜洗净切碎。

2. 黑豆在水中充分泡发后，去皮，切成1/4
   大小。

3. 锅中放入泡发的大米，炒至米粒透明时，
   加入蔬菜汤。

4. 煮开后，放入步骤1和2中的食材，小火
   慢煮制成米饭。

蟹肉油菜烧饭

油菜可促进牙齿和骨骼的形成，特别适合宝宝食用；
蟹肉则富含钙、维生素和蛋白质。二者搭配可以实
现营养互补。

材料

泡发大米140g，蟹
肉20g，油菜20g，
胡萝卜15g，清水
500ml。

制作方法

1. 蟹肉在开水中焯熟、撕碎。
2. 油菜、胡萝卜洗净，切碎。
3. 锅中放入泡发的大米，炒至米粒透明时，加
   入清水。
4. 煮开后，放入步骤1和2中的食材，小火慢
   煮制成米饭。

鸡肉绿豆烧饭

在容易发生厌食的夏季，可以使用绿豆和鸡肉给宝宝制作辅食。这一辅食不仅可以及时地给宝宝补充体力，还可以促进他的食欲。

材料

泡发大米100g，泡发糯米20g，鸡胸肉20g，绿豆10g，红枣5g，大蒜1瓣，鸡汤530ml。

制作方法

1. 鸡胸肉加入大蒜煮熟、控水后撕成丝。
2. 绿豆在水中充分泡发后，去皮切碎。
3. 红枣去核、切碎。
4. 锅中放入泡发的大米，炒至米粒透明时，加入鸡汤。
5. 煮开后放入步骤2和3中的食材，小火慢煮制成米饭。
6. 将米饭盛入碗中，撒入步骤1中的食材即成。

牛肉泡菜口蘑烧饭

牛肉是备受宝宝们喜爱的食材，泡菜含有大量对人体有益的酶，口蘑则有助于预防贫血。三者完美融合在米饭中，既美味可口，又营养丰富。

材料

泡发大米130g，牛肉40g，泡菜20g，口蘑10g，芝麻油5ml，牛肉汤500ml。

制作方法

1. 牛肉在水中浸泡15分钟，去血水后切碎。

2. 泡菜去掉内辅料，洗净、切碎。

3. 口蘑洗净、切碎。

4. 锅中抹一层芝麻油，放入牛肉和泡发的大米煸炒，炒至米粒透明时加入牛肉汤。

5. 煮开后放入步骤2和3中的食材，小火慢煮成米饭。

番茄酱的制作方法非常简单，只需取1个去皮、去籽的番茄和1大匙洋葱末，再加入1大匙糖汁，用小火慢慢熬制成酱料即可。

蘑菇奶酪比萨 点心

口味微酸的番茄酱、醇香的奶酪，再加上美味的蘑菇，可以进一步增加比萨的美味和营养。可以将比萨切成小块后，让宝宝自己抓着吃。

材料

吐司面包2片，口蘑3个，杏鲍菇1个，洋葱1/5个，玉米粒（罐装）3大匙，马苏里拉奶酪1杯，番茄酱3大匙。

制作方法

1. 吐司面包四周去边后，切成四等份。

2. 蘑菇、洋葱洗净，切碎。

3. 在切好的吐司面包上抹番茄酱，将步骤2中的食材和玉米粒均匀地铺撒在面包表面。

4. 淋上奶酪。

5. 将步骤4中的食材放入平底锅中，盖上锅盖，小火烘烤至奶酪融化。

奶酪烤土豆 点心

这种做法可以完全地保留土豆的营养。当然，土豆也可以用地瓜或南瓜来代替。这些食材都可以在口味和营养两方面与奶酪相搭配。

材料

土豆（大个儿）1个，胡萝卜1/8根，西兰花1/8小朵，马苏里拉奶酪3大匙，宝宝奶酪1片。

*酱料

原味酸奶1大匙，柠檬汁1小匙。

制作方法

1. 土豆洗净后蒸15分钟，放凉后切成两半。
2. 胡萝卜和西兰花处理干净后切碎，加入酱料拌匀。
3. 马苏里拉奶酪、宝宝奶酪分别切碎。
4. 分别在每半块土豆上铺上步骤2中的食材，并将步骤3中的食材撒在表面。
5. 将步骤4中的食材放入微波炉中加热2分钟，使奶酪融化。

卷心·菜沙拉 点心

这是一款用原味酸奶和豆浆制作的卷心菜沙拉，软糯、醇香，一定会受宝宝的欢迎呦。

材料

卷心菜2片，胡萝卜1/8根，红甜椒1/4个，青甜椒1/4个，玉米粒（罐装）1/5杯。

*酱料

原味酸奶1/2杯，豆浆5大匙，低聚糖1小匙。

制作方法

1. 卷心菜、胡萝卜、甜椒分别洗净，切小丁后控干水分。
2. 将步骤1中的食材和玉米粒放在碗中混合。
3. 将所需酱料放在另一个碗中混合均匀。
4. 将准备好的蔬菜和酱料混合、拌匀即可。

如果想使味道更浓一些，可以将上述酱料的配料更换为：橄榄油1/2大匙、蛋黄酱1/2大匙、食醋1/4大匙、盐和白糖共1/4大匙。

香蕉奶昔

香蕉是一种低钠且膳食纤维含量丰富的水果。将市场上销售的高糖饮料更换为自己动手制作的香蕉奶昔，可以更好地呵护宝宝的健康。

材料

香蕉（去皮）1根，牛奶200ml，坚果（核桃、花生等）1大匙。

制作方法

1. 香蕉切块，坚果去皮。
2. 将香蕉、牛奶、坚果一起放在料理机中，打成奶昔即可。

 将香蕉切成适合料理机搅拌的大小即可。

169

面团必须充分揉匀，才能防止表皮在烤制过程中开裂。此外，红豆沙馅料也可以用白小豆或煮熟的地瓜等来代替。

烤豆沙包

只需一口就能感受到松软和甜美。将其分成适度的大小后，让宝宝自己动手，慢慢品尝。

材料（5~6个豆沙包的分量）

低筋面粉100g，酵母粉2g，鸡蛋45g，白糖50g，牛奶1大匙，鸡蛋液少许，豆沙馅100g。

***豆沙馅料（100g）**

红豆500g，低聚糖30g。

制作方法

1. 低筋面粉和酵母粉过筛。

2. 鸡蛋打入碗中，加入白糖打散。

3. 另取碗，放入步骤1和2中的食材和牛奶，揉成面团。

4. 将面团用保鲜膜包裹后放入冰箱冷藏室，静置20~30分钟。

5. 面团分成若干小份，放入豆沙馅，包成包子。

6. 在豆包表面刷一层鸡蛋液，放入预热过的烤箱中，180℃高温下烤制12分钟。

豆沙馅的制作方法请参考第149页。

PART 5

五彩缤纷的
幼儿餐
——幼儿食谱
（15个月以上）

在终了期辅食阶段即将结束前，婴儿辅食和幼儿食谱应开始并行推进。但请注意：所有的食材应切小块，以方便宝宝咀嚼。

一开始，最好只将软米饭换成普通硬度的米饭，然后将菜肴放在米饭上，做成盖饭的形式给宝宝喂食。待宝宝慢慢适应后，再逐步地饭、菜分离。

银鱼干炒地瓜

鱼肉要想整体被食用，应当选择鳀鱼或银鱼。银鱼
比小鳀鱼（海蜓）的含钙量更高，更有利于宝宝的
骨骼发育。银鱼与地瓜同炒，也会更美味。

材料

烤银鱼片（30cm见
方）1片，地瓜 1/2
个，西兰花 1/4 小朵。

***炒菜调料**

酱油 1 大匙，低聚糖
1 大匙，料酒 1/2 大
匙，洋葱末 1 大匙。

制作方法

1. 将银鱼片在干燥的平底锅中略加烤制
   后撕碎。

2. 地瓜和西兰花洗净，切成 1cm 见方的
   小丁后，放入开水中焯熟。

3. 在平底锅内放入步骤 1 和 2 中的食材，
   添加调料后炒熟。

牛肉炒卷心菜

这种做法可以完美地保留牛肉的营养，卷心菜的爽
脆感又可为宝宝的进食增加一大乐趣。

材料

牛肉50g，卷心菜1/5
个，红甜椒1/3个，食
用油1/2大匙。

***牛肉腌制酱汁**

酱油1大匙，料酒1大
匙，芝麻油1小匙。

制作方法

1. 牛肉放入水中浸泡15分钟，去血水，切
   成3cm的长条后，放入所配酱汁中腌制
   20分钟。

2. 卷心菜、甜椒切成1.5cm长的细丝。

3. 锅烧热后倒入食用油，放入步骤1和2中
   的食材煸炒至熟即可。

花菜煎蛋饼

一个蛋饼就可以充分地满足宝宝一餐的需求。
加入花菜可以给宝宝补充维生素，松软的口
感和香气也可以赢得宝宝的欢心。

材料

花菜1/4朵，鸡蛋2个，食用油1/2大匙，盐
少许。

制作方法

1. 花菜切大块、焯熟后切碎。

2. 碗中打入鸡蛋，去除卵黄系带后充分打散。

3. 蛋液中加入花菜末和盐，搅拌均匀。

4. 平底锅烧热，放入食用油，倒入步骤3中
   的食材煎制。煎制过程中，可慢慢卷成橄
   榄球状的蛋饼。

五彩鳀鱼炒菜

这道炒菜适合不喜欢蔬菜的宝宝食用。用小鳀鱼
（海蜒）和玉米提味，再加入甜椒和洋葱，可以让宝
宝连蔬菜都吃得津津有味。

材料

玉米粒（罐装）1/3
杯，小鳀鱼（海蜒）
2大匙，红甜椒1/3
个，青甜椒1/3个，
洋葱1/4个，食用油
1大匙，盐少许，胡
椒粉微量。

制作方法

1. 玉米粒控水，放入开水中焯熟。

2. 甜椒和洋葱洗净，切成1cm见方。

3. 小鳀鱼（海蜒）去杂质、洗净，放入干燥的
   平底锅中煸炒，以去除水分。

4. 平底锅烧热，放入食用油，放小鳀鱼（海
   蜒）略炒后加入甜椒、洋葱炒熟。

5. 加入玉米粒，再加入盐、胡椒粉调味。

韭菜炒肉

韭菜是一种可以与肉类、海鲜、豆瓣酱等完美搭配
的"万能型"蔬菜。

材料

猪肉 60g，韭菜 6 根，
红甜椒 1/5 个。

*炒菜调料

洋葱末 1 大匙，酱油 1/2
大匙，料酒 1 大匙。

制作方法

1. 猪肉切成 2cm 长的细条后，放入开水中略微
   焯水，以去除杂质和油脂。

2. 红甜椒和韭菜切成 2cm 长。

3. 平底锅烧热，放入猪肉、红甜椒和调料翻
   炒，待猪肉完全炒熟后放入韭菜略炒即可。

照烧酱烤白肉鱼

软糯的白肉鱼添加甜丝丝的照烧酱，可以牢牢地抓住宝宝的味蕾，就连平时不爱吃鱼的宝宝，只要吃上一口都会停不下来。

材料

白肉鱼（明太鱼或鳕鱼）100g，面粉2大匙，料酒1大匙，香葱1/3把，食用油适量。

*照烧酱

酱油1大匙，料酒1大匙，糖汁1大匙，生姜汁1/4大匙。

制作方法

1. 白肉鱼洗净，淋上料酒腌制10分钟后，正、反两面各扑一些面粉。

2. 香葱切成1cm长的细丝。

3. 锅中加入照烧酱，小火慢炖至浓稠。

4. 平底锅烧热，放入食用油，再放入步骤1中的食材，两面煎黄。

5. 将煎好的鱼肉装盘，淋上照烧酱并撒上香葱丝即可。

牛肉西兰花炒粉条

这是为宝宝量身定做的一款韩式炒杂菜。就连那些平时不怎么爱吃蔬菜的宝宝，也能将其中的蔬菜吃得一干二净哦。你也可以尝试在里面掺一些宝宝平时不太爱吃的蔬菜，让宝宝逐渐适应和喜欢。

材料

牛肉50g，西兰花1/4棵，洋葱1/4个，胡萝卜1/4根，粉条50g，盐少许。

*牛肉腌制酱汁

酱油1/2大匙，料酒1/2大匙。

*杂菜调味料

酱油1大匙，木瓜汁1大匙，芝麻油1小匙。

制作方法

1. 粉条用温水泡发，牛肉切成3cm长的细条后放入腌制酱汁，静置20分钟。

2. 西兰花切成1.5cm长，用开水焯熟。

3. 洋葱、胡萝卜切成2cm长的细丝，加入盐调味，放入烧热的平底锅中炒熟。

4. 另起锅，放入腌好的牛肉炒熟。

5. 将泡发的粉条放入开水中煮熟、控水。

6. 将煮好的粉条切成3~5cm长装盘，放入杂菜调味料、牛肉和蔬菜混合拌匀。

蟹肉炒杂蔬

有些宝宝可能在经过辅食阶段的练习后仍然不习惯
咀嚼食物。如果你的宝宝就是这样，可以尝试给他
喂食肉质松软的蟹肉或蟹肉制成的食物，效果要比
一般的硬质食物好得多。

材料

蟹肉100g，西兰花1/4棵，卷心菜、胡萝卜各1/5
根，食用油1大匙，盐少许。

制作方法

1. 蟹肉撕碎。

2. 西兰花切成1.5cm见方，卷心菜、胡萝卜切成
   2cm长的细丝。将其放入开水中焯熟备用。

3. 炒锅烧热，倒入食用油，放入蟹肉和焯好的蔬菜
   翻炒，撒入盐调味。

五味子营养药饭

如果每天的白米饭已经让宝宝感到腻烦，而你也想进行新
的挑战的话，不如尝试制作一些新的口味吧。比如加入一
点儿五味子等药食两用的中药，这样做出来的米饭不仅营
养丰富、味道独特，而且可以让宝宝的身体更健壮。

材料

泡发糯米1杯，南瓜
1/4个，板栗3个，
红枣4颗，五味子
1/2大匙。

*调味料

红糖1大匙，酱油3
大匙。

制作方法

1. 五味子放入适量温水中泡2小时以上。

2. 板栗、南瓜去皮，切成2cm见方的小丁。

3. 红枣去核、切碎。

4. 锅中放入泡发的糯米、步骤1、2、3中的食材
   和调味料蒸煮。

5. 煮熟后盖上锅盖，用小火焖煮10分钟后关火，
   继续焖5分钟左右。

   五味子最好提前一天放入水中浸泡备用。

地瓜炖鸡胸

甜味的地瓜和略带酸味的苹果一定会让宝宝忍不住流口水，而肉质松软的鸡胸肉更是增添了这道菜的美味。将其浇在米饭上就成了一款相当不错的盖浇饭。

材料

鸡胸肉100g，地瓜1/2个，苹果1/4个。

*调味料

酱油2大匙，糖汁2大匙，料酒1大匙，芝麻油1小匙。

制作方法

1. 鸡胸肉切成0.8cm的方丁，放入热水中略微焯一下，再用冷水漂洗。
2. 地瓜和苹果去皮，切成1cm见方的小丁。
3. 锅中放入调味料，倒入步骤1和2中的食材，慢慢煨熟。

油炸豆干炒菜

这种做法的油炸豆干，口味酸甜，且越嚼越有嚼劲。
松软可口的蘑菇和清脆鲜香的甜椒丰富了菜品，可
以让宝宝同时体会到多样化的口感。

材料

油炸豆干3片，杏鲍菇1个，红甜椒1/4个，青甜椒
1/4个，黄甜椒1/4个，盐少许。

制作方法

1. 油炸豆干焯水、去油脂后切丝。

2. 杏鲍菇和甜椒切成3cm长的细条。

3. 炒锅烧热，放入步骤1和2中的食材翻炒。出锅
   前放入盐调味。

木耳炒牛肉

木耳富含维生素D和膳食纤维，有助于治疗便秘。木耳与牛肉搭配，可以为宝宝同时补充蛋白质和维生素D。

材料

泡发木耳1/2杯，牛肉100g，西葫芦1/4个，洋葱1/4个，红甜椒1/4个。

调味料

酱油1/2大匙，香葱末1/2大匙，料酒1大匙，糖汁1/2大匙，芝麻油1/2大匙。

制作方法

1. 泡发木耳撕碎。
2. 牛肉在水中浸泡15分钟，去血水，切成0.5×2cm的长条。
3. 西葫芦、洋葱、红甜椒切成1.5cm大小的方块。
4. 将步骤1和2中的食材放入锅中干煸片刻后，放入调味料和步骤3中的食材炒熟即可。

油菜炒虾仁

虾仁比鳀鱼的含钙量更高，而且虾仁在咀嚼时能让人体会到肥嘟嘟的体积感和特有的甜味。与油菜搭配，可使营养更丰富，让宝宝更喜爱。

材料

油菜3棵，虾仁10粒，食用油1/2大匙。

*炒菜调料

酱油1/2大匙，芝麻1小匙，盐少许。

制作方法

1. 油菜切成2cm长，虾仁去内脏、洗净备用。
2. 炒锅烧热，倒入食用油，放入油菜、虾仁略炒，放入调料炒熟。

泡菜炒杂菜

杂菜中加入泡菜，可以吃出爽脆感。即使不放肉，
也能用香菇和蔬菜做出一盘独具泡菜风味的炒杂菜。

材料

泡菜2缕，粉条50g，
香菇2个，洋葱1/3
个，胡萝卜1/4个，
食用油少许。

*拌菜调味料

酱油1/2大匙，白糖
1/2大匙，芝麻油1小
匙，芝麻少许。

制作方法

1. 泡菜去除内辅料、洗净、切丝，再放入热水
   中煮软后取出、控水。

2. 粉条温水泡发后，放入开水中煮熟，控水后
   切成3~5cm长。

3. 香菇、洋葱、胡萝卜洗净，都切成2cm长的
   细条。

4. 炒锅烧热，倒入食用油，放入步骤3中的食
   材炒熟。碗中放入步骤1和2中的食材和炒
   好的蔬菜，淋入调味料拌匀即可。

泡菜炒鸡排

鸡排中加入泡菜后，就连平时不喜欢吃泡菜的宝宝也难以抗拒。不妨在日常料理中，多尝试使用泡菜这一"万能型"的食材吧。

材料

泡菜2缕，鸡胸肉100g，洋葱1/3个，红甜椒1/4个，青甜椒1/4个。

*鸡排腌料

泡菜汁1/2大匙，糖汁1大匙，酱油1/2大匙，料酒1大匙。

制作方法

1. 泡菜去除内辅料、洗净、切丝。

2. 洋葱、甜椒切成1.5cm的方块。

3. 鸡胸肉片成1cm见方的薄片，放入腌料中腌制20分钟左右。

4. 炒锅烧热，倒入食用油。放入腌好的鸡肉和泡菜，炒至五分熟时加入洋葱、甜椒，炒熟。

泡菜明太鱼子炒蛋

高蛋白的明太鱼子和发酵食品——泡菜，以及松软的鸡蛋松相搭配，会是怎样一种风味呢？现在就让我们一起来挑战一下这款宝宝圈中的"人气佳肴"吧。

材料

泡菜2缕，鸡蛋2个，明太鱼子2团，洋葱1/3个，香葱3棵，牛奶1大匙，食用油1小匙。

制作方法

1. 泡菜去除内辅料、洗净、切末。

2. 洋葱、香葱切末。

3. 明太鱼子除去调料后放在水中浸泡10分钟，去外皮，保留鱼子。

4. 鸡蛋打入碗中，去掉卵黄系带，加入牛奶打散。

5. 炒锅烧热，倒入食用油。放入步骤1、2、3中的食材，中火翻炒。

6. 食材炒熟后，转大火，倒入鸡蛋液，用筷子不断地搅拌、打散，制成鸡蛋松。

蛤仔菠菜豆酱拌菜

蛤仔和菠菜都适合与豆瓣酱搭配使用。使用低盐豆瓣酱制作调味料，可以让菜肴的营养更均衡，口味也更好。

材料

菲律宾蛤仔2杯，菠菜4棵，盐少许。

*凉拌菜调味料

料酒1大匙，豆瓣酱1/2大匙，芝麻1/2大匙，芝麻油1小匙。

制作方法

1. 菲律宾蛤仔解毒后放入开水中煮熟，剥出蛤仔肉，平均分为2~3份。

2. 开水中加入少许盐，放入菠菜焯熟、控水后切成2cm长的小段。

3. 将调味料中的芝麻用研钵捣成1/3大小。

4. 将步骤1和2中的食材放入碗中，加入调味料拌匀。

油炸豆干川蜷拌菜

川蜷不仅蛋白质含量丰富，而且对肝脏很有益，与豆
瓣酱搭配，不仅可以做汤，也可以凉拌。川蜷对水质
的要求极高，所以给宝宝食用不必担心安全问题。

材料

油炸豆干3片，川
蜷肉1/2杯，韭菜6
棵，洋葱1/4个。

*凉拌菜调味料

豆瓣酱1/2大匙，酱
油1/3大匙，芝麻油
1/3大匙。

制作方法

1. 将油炸豆干焯水、控干后切丝。

2. 川蜷肉用流水洗净后略煮。

3. 韭菜、洋葱切3cm长的小段后，用开水焯熟，
   以去除辣味。

4. 碗中放入步骤1、2、3中的食材和调味料，拌
   匀即可。

花菜炒虾仁

这道菜由白色的花菜、新鲜的虾仁和绿色的蔬菜搭配而成，色泽诱人。使用北极虾虾仁味道更鲜美，略带甜味。

材料
花菜1/4小朵，北极虾虾仁3只，油菜2棵，食用油1/2大匙。

*炒菜调料
西芹粉1/4大匙，洋葱末1小匙，盐少许。

制作方法
1. 花菜切成2cm大小，开水焯熟。
2. 虾仁去内脏。
3. 油菜切成1cm的方丁。
4. 炒锅烧热，倒入食用油，放入步骤2中的食材，炒至五分熟时放入调料、步骤1和3中的食材，炒熟装盘。

苏子叶金枪鱼饼

宝宝们普遍爱吃的金枪鱼可以加在苏子叶中制成饼，也适合全家人一起食用。

材料

苏子叶6片，冰冻金枪鱼100g，食用油适量，鸡蛋2个。

*调料

酱油1/2大匙，洋葱1/4个，胡萝卜1/4个，料酒1/2大匙，面粉1/2大匙。

制作方法

1. 苏子叶洗净、控干水分。
2. 料理机中放入冰冻金枪鱼和调料磨细，制成块状。
3. 鸡蛋去掉卵黄系带、打散。

4. 将步骤2中制作的馅团分成几小份，分别压平、夹在苏子叶中，最后将苏子叶折半。
5. 将4裹上鸡蛋液，放在抹好油的平底锅中煎至两面金黄。

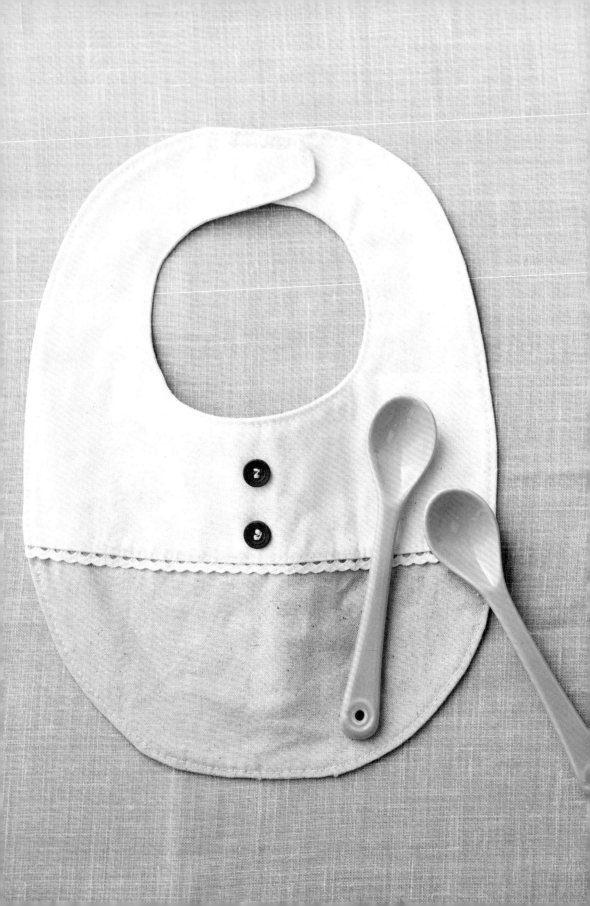

PART 6

易过敏的宝宝
这样吃

　　近年来，有越来越多的宝宝存在食物过敏反应或感染过敏性皮炎。
究其原因，虽然有环境污染、饮食习惯的变化等多种推断，却难有定论。
如果你的宝宝存在过敏的情况，则应当对他的辅食种类仔细地加以区分。
这里，我为你列出了针对这类宝宝的过敏源替代性食材。制作辅食时，
可以以此类替代性食材为主料，再添加一些宝宝可以吃的蔬菜、蘑菇、
海鲜等辅料作为补充。

　　本部分中的所有辅食均以中期辅食——粥为基本形态。如果你的宝
宝正处在后期或终了期辅食阶段，仍然可以参考本章的材料制作方法，
只需将粥换成相应湿度的米饭即可。

**各阶段的辅食添加形态和稀稠度请参考第12~13页。各阶段辅食的基本
料理方法请参考第48、72、114、152页。**

牛肉蔬菜粥

牛肉蔬菜粥是以牛肉和蔬菜为原料制成的，可以为宝宝提供蛋白质、铁元素和维生素等均衡的营养。

材料

泡发大米40g，牛肉14g，菠菜10g，洋葱10g，香菇10g，芝麻油3ml，蔬菜汤400ml。

制作方法

1. 将泡发的大米用料理机磨成1/3大小。
2. 牛肉放在水中浸泡15分钟左右，去血水后切成肉末。
3. 菠菜、洋葱、香菇处理干净后切碎。
4. 锅中倒入芝麻油，放入步骤1和2中的食材，炒至米粒透明时，加入蔬菜汤。
5. 煮开后放入步骤3中的食材，改小火慢炖至米粒开花。

鸡肉蔬菜糯米粥

就像大人们食用的参鸡汤一样，此粥也是一款具有补养功效的宝宝辅食，很适合给体质虚弱的宝宝食用。

材料

泡发大米30g，泡发糯米10g，鸡胸肉20g，胡萝卜10g，西兰花10g，芝麻油3ml，蔬菜汤400ml。

制作方法

1. 将泡发的大米和糯米用料理机磨成1/3大小。
2. 鸡胸肉焯水、切碎。
3. 胡萝卜、西兰花处理干净后切碎。
4. 锅中倒入芝麻油，放入步骤1中的食材，炒至米粒透明时，加入蔬菜汤。
5. 煮开后放入步骤2和3中的食材，改小火慢炖至米粒开花。

莙荙菜虾仁粥

莙荙菜（又称"牛皮菜"）富含人体必需的氨基酸和
维生素A等，可以为发育迟缓的宝宝提供帮助。它与
高蛋白的虾仁搭配，非常有益于宝宝的成长发育。

材料

泡发大米30g，虾仁
15g，莙荙菜10g，
洋葱10g，土豆10g，
鳀鱼昆布汤380ml。

制作方法

1. 将泡发的大米用料理机磨成1/3大小。
2. 虾仁去内脏、洗净、切碎。
3. 莙荙菜、洋葱、土豆处理干净后切碎。
4. 锅中放入步骤1中的食材，炒至米粒透明时，
   加入鳀鱼昆布汤。
5. 煮开后，放入步骤2和3中的食材，改小火
   慢炖至米粒开花。

蛤仔菠菜粥

以富含铁元素的菠菜和菲律宾蛤仔为主要原料制成的宝宝辅食，与其他蔬菜相比，菠菜中维生素A、维生素C和钙的含量尤为丰富，非常适合用作宝宝辅食的原料。

材料

泡发大米35g，菲律宾蛤仔1.5杯，菠菜10g，胡萝卜10g，洋葱10g，鳀鱼昆布汤400ml。

制作方法

1. 将泡发的大米用料理机磨成1/3大小。
2. 蛤仔解毒后放入开水中焯熟，去壳取肉、切碎。
3. 菠菜、胡萝卜、洋葱处理干净后切碎。
4. 锅中放入步骤1中的食材，炒至米粒透明时，加入鳀鱼昆布汤煮沸，放入步骤2和3中的食材，小火慢炖至米粒开花。

　　制作宝宝辅食时，使用煮过蛤仔的水，可以补充必需氨基酸。

口蘑红枣粥

口蘑兼备蔬菜和水果中的矿物质成分和肉类蛋白。
作为蛋白质含量较高的菌类，很适合给鸡蛋过敏的
宝宝喂食。

材料

泡发大米30g，红枣
10g，口蘑10g，西
兰花10g，芝麻油
3ml，鸡汤350ml。

制作方法

1. 将泡发的大米用料理机磨成1/3大小。
2. 红枣去核、切碎。
3. 口蘑、西兰花洗净，切碎。
4. 锅中倒入芝麻油，放入步骤1中的食材，炒
   至米粒透明时，加入鸡汤煮沸，然后放入步
   骤2和3中的食材，小火慢炖至米粒开花。

🍳 蛋白质是宝宝成长发育中最不可缺少的营养之一。当宝宝对鸡蛋过敏时，必
须灵活使用肉类或豆类等替代性食品，来保证这一成分的摄入。

芝麻海带粥

可以用牛奶或奶粉的替代性食品——芝麻和海带来为对乳蛋白过敏的宝宝制作辅食。除了可以摄入这两种食材中所含的营养物质外，其香喷喷的味道也会让宝宝心情大好。

材料

泡发大米40g，泡发海带10g，芝麻10g，芝麻油3ml，牛肉汤420ml。

制作方法

1. 将泡发的大米用料理机磨成1/3大小。
2. 泡发海带洗净、切碎。
3. 芝麻放入研钵中捣碎。
4. 锅中倒入芝麻油，放入步骤1中的食材，炒至米粒透明时，加入牛肉汤。
5. 煮开后，放入步骤2和3中的食材，小火慢炖至米粒开花。

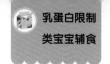

海带虾仁粥

海带作为海藻类的一员，含有丰富的钙元素和膳食
纤维。虾仁也含有大量的钙和牛磺酸成分，可以代
替牛奶，为宝宝补充所需的钙质。

材料

泡发大米30g，泡
发海带10g，虾仁
15g，土豆20g，胡
萝卜15g，牛肉汤
420ml。

制作方法

1. 将泡发的大米用料理机磨成1/3大小。

2. 泡发海带洗净、切碎。

3. 虾仁去内脏、切碎。

4. 土豆、胡萝卜处理干净后切碎。

5. 锅中放入步骤1中的食材，煸炒至米粒透明
   时，加入牛肉汤。

6. 煮开后，放入步骤2、3、4中的食材，小火
   慢炖至米粒开花。

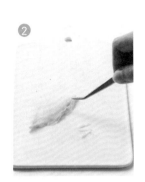

鳕鱼昆布粥

鳕鱼是一种低热量、高蛋白的食品，营养丰富，对
辅食添加阶段的宝宝很有帮助。将其与钙和膳食纤
维含量丰富的昆布搭配，可以让粥既清淡又滋补。

材料

泡发大米40g，鳕鱼
肉20g，泡发昆布
10g，胡萝卜10g，
芝麻油3ml，蔬菜汤
430ml。

制作方法

1. 将泡发的大米用料理机磨成1/3大小。
2. 鳕鱼去刺、切碎。
3. 泡发昆布和胡萝卜洗净、切碎。
4. 锅中倒入芝麻油，放入步骤1中的食材，煸
   炒至米粒透明时，加入蔬菜汤。
5. 煮开后放入步骤2和3中的食材，小火慢炖
   至米粒开花。

鳀鱼香菇粥

说到补钙，会使人联想到鳀鱼，鳀鱼也是很好的蛋白质来源。将鳀鱼碾碎后与口感筋道的香菇搭配在一起，就能为乳蛋白过敏的宝宝提供充分的营养。

材料

泡发大米40g，鳀鱼7g，香菇10g，韭菜10g，蔬菜汤410ml。

制作方法

1. 将泡发的大米用料理机磨成1/3大小。
2. 鳀鱼去头和内脏后碾碎。
3. 香菇去菌柄、切碎。
4. 韭菜处理干净后切末。
5. 锅中放入步骤1中的食材，炒至米粒透明时，加入蔬菜汤。
6. 煮开后，放入步骤2、3、4中的食材，小火慢炖至米粒开花。

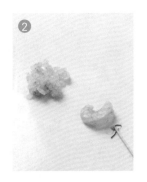

韭菜虾仁粥

以富含钙和蛋白质的虾仁与富含维生素的韭菜为主
要食材，可以代替牛奶为宝宝补充营养。这样即使
不喂食牛奶，宝妈们也不必担心宝宝会营养不良。

材料

泡发大米40g，虾
仁20g，韭菜10g，
胡萝卜10g，芝
麻油3ml，蔬菜汤
430ml。

制作方法

1. 将泡发的大米用料理机磨成1/3大小。
2. 虾仁去内脏、切碎。
3. 韭菜、胡萝卜洗净后切碎。
4. 锅中倒入芝麻油，放入步骤1中的食材，炒
   至米粒透明时，加入蔬菜汤。
5. 煮开后放入步骤2和3中的食材，小火慢炖
   至米粒开花。

对豆类过敏的宝宝这样吃

对豆类过敏的宝宝，可以用动物性蛋白来代替。不过，大部分对豆类过敏的宝宝同时也会对动物性蛋白或牛奶产生过敏反应，也有的宝宝会对豆制品或食物过敏。因此，妈妈必须仔细观察宝宝进食后的反应。

豆类的替代性食品主要有白肉鱼、扇贝、大蛤、牡蛎等海鲜，以及奶酪、酸奶、牛奶等乳制品。

牡蛎油菜粥

有些对豆类过敏的宝宝也会对牛奶产生过敏反应，这时，可以用"海中牛奶"——牡蛎和油菜来为宝宝补充钙和各种维生素。

材料

泡发大米40g，牡蛎15g，油菜15g，胡萝卜10g，蔬菜汤430ml。

制作方法

1. 将泡发的大米用料理机磨成1/3大小。
2. 牡蛎焯水、切碎。
3. 油菜、胡萝卜处理干净后切碎。
4. 锅中放入步骤1中的食材，炒至米粒透明时，加入蔬菜汤。
5. 煮开后放入步骤2和3中的食材，小火慢炖至米粒开花。

韭菜扇贝粥

扇贝含有大量的人体必需氨基酸，是一种有助于宝
宝成长发育的高蛋白海产品。扇贝与韭菜等蔬菜一
起烹饪，可以实现营养互补。

材料

泡发大米30g，扇贝
肉20g，韭菜10g，
胡萝卜10g，蛤蜊汤
400ml。

制作方法

1. 将泡发的大米用料理机磨成1/3大小。

2. 扇贝焯水、切碎。

3. 韭菜、胡萝卜处理干净后切碎。

4. 锅中放入步骤1中的食材，炒至米粒透明时，
   加入蛤蜊汤。

5. 煮开后放入步骤2和3中的食材，小火慢炖
   至米粒开花。

白肉鱼蔬菜粥

此粥以高蛋白的白肉鱼、富含维生素的西兰花和胡萝卜为主要食材。蛋白质和维生素的完美搭配可以很好地弥补无法摄入豆类蛋白的问题。

材料

泡发大米30g，白肉鱼（鳕鱼或明太鱼）20g，西兰花10g，胡萝卜10g，蔬菜汤400ml。

制作方法

1. 将泡发的大米用料理机磨成1/3大小。

2. 白肉鱼去刺、切碎。

3. 西兰花、胡萝卜处理干净后切碎。

4. 锅中放入步骤1中的食材，炒至米粒透明时，加入蔬菜汤。

5. 煮开后放入步骤2和3中的食材，小火慢炖至米粒开花。

白蛤平菇粥

平菇不仅含有丰富的膳食纤维，具有降低胆固醇的功效，而且富含多种微量元素，在营养方面很出众。筋道的口感更是为其积攒了不小的人气。与白蛤搭配，风味独特，一定会大受宝宝欢迎。

材料

泡发大米40g，白蛤20g，平菇15g，韭菜10g，蛤蜊汤420ml。

制作方法

1. 将泡发的大米用料理机磨成1/3大小。

2. 白蛤焯水、切碎。

3. 平菇、韭菜处理干净后切碎。

4. 锅中放入步骤1中的食材，炒至米粒透明时，加入蛤蜊汤。

5. 煮开后放入步骤2和3中的食材，小火慢炖至米粒开花。

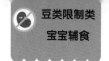

葡萄干奶酪粥

如果宝宝不对乳制品过敏，则建议在辅食中添加一些奶酪。奶酪可以为无法摄取豆类蛋白的宝宝提供优质的营养成分。

材料

泡发大米40g，葡萄干15g，宝宝奶酪5g，蔬菜汤420ml。

制作方法

1. 将泡发的大米用料理机磨成1/3大小。
2. 葡萄干泡发、切碎；宝宝奶酪切碎。
3. 锅中放入步骤1中的食材，炒至米粒透明时，加入蔬菜汤。
4. 煮开后放入步骤2和3中的食材，小火慢炖。
5. 出锅前，放入切碎的奶酪，拌匀，待其融化即可。

大米粥

大米粥是所有粥类的基础。不添加其他食材，只使
用蔬菜制作的汤，不会对宝宝产生任何刺激。

材料

泡发大米40g，芝
麻油3ml，蔬菜汤
400ml。

制作方法

1. 将泡发的大米用料理机磨成1/3大小。
2. 锅中倒入芝麻油，放入步骤1中的食材，炒
   至米粒透明时，加入蔬菜汤。
3. 小火慢炖至米粒开花。

黍米粥

大米粥中添加黍米后，再使用牛肉汤提味。黍米中的维生素含量较高，可以为宝宝补充所需的营养。

材料

泡发大米40g，泡发黍米5g，牛肉汤410ml。

制作方法

1. 将泡发的大米用料理机磨成1/3大小。
2. 锅中放入步骤1中的食材和泡发的黍米，炒至米粒透明时，加入牛肉汤。
3. 小火慢炖至米粒开花。

蔬菜粥

如果宝宝能食用蔬菜汤熬制的米粥，那么就可以在辅食中直接添加蔬菜了。我们在这款粥中加入了西兰花、花菜、白菜等维生素和铁含量丰富的蔬菜。

材料

泡发大米40g，西兰花10g，花菜10g，白菜10g，芝麻油3ml，牛肉汤430ml。

制作方法

1. 将泡发的大米用料理机磨成1/3大小。
2. 西兰花、花菜、白菜处理干净后切碎。
3. 锅中倒入芝麻油，放入步骤1中的食材，炒至米粒透明时，加入牛肉汤。
4. 煮开后放入步骤2中的食材，并再次煮开。

香蕉粥

米粥中加入香蕉，在增加甜味的同时，并不会给宝
宝的肠胃带来负担。因为香蕉不仅口感软糯，而且
容易通过食道。对于初次添加辅食的宝宝来说，再
没有比香蕉更好的食材了。

材料

泡发大米30g，香蕉
（去皮）20g，蔬菜汤
300ml。

制作方法

1. 将泡发的大米用料理机磨成1/3大小。
2. 香蕉切碎、碾碎或捣碎。
3. 锅中放入步骤1中的食材，炒至米粒透明时，
   加入蔬菜汤。
4. 煮开后放入步骤2中的食材，小火慢炖至米
   粒开花。